中国地质调查"DD20160060"项目资助

特殊地质地貌区填图方法指南丛书

黄土覆盖区 1：50000 填图方法指南

李朝柱　傅建利　王书兵　胡健民　贺建桥　杜利明　著

科学出版社
北　京

内 容 简 介

　　本书包括两个部分，第一部分根据黄土覆盖区基本地质地貌特征，简要介绍了1：50000黄土覆盖区填图的目标任务、工作流程及技术方法等，论述遥感、地球物理、钻探等手段在黄土覆盖区填图过程中的应用，探讨针对覆盖层、基岩地质、地层、地貌、构造等地质调查内容的技术方法组合。第二部分基于甘肃1：50000大平等四幅黄土区填图试点项目实践，阐述相关技术方法在陇东黄土高原甘肃省庆阳地区的应用及效果，包括黄土覆盖区填图单位划分、地层系统的建立、技术路线、方法选择、构造地貌分析等地质调查相关内容，探索黄土覆盖区填图技术方法体系的有效性和适用性。

　　本书可供在黄土覆盖区从事区域地质、环境地质、灾害地质等相关工作的专业人员参考。

图书在版编目（CIP）数据

　黄土覆盖区1：50000填图方法指南/李朝柱等著.—北京：科学出版社，2020.7

　（特殊地质地貌区填图方法指南丛书）

　ISBN 978-7-03-065501-1

　Ⅰ.①黄… Ⅱ.①李… Ⅲ.①黄土区-地质填图-中国-指南
Ⅳ.① P623-62

　中国版本图书馆CIP数据核字（2020）第099909号

责任编辑：王　运　陈姣姣/责任校对：张小霞
责任印制：吴兆东/封面设计：铭轩堂

科学出版社 出版
北京东黄城根北街16号
邮政编码：100717
http://www.sciencep.com
北京建宏印刷有限公司 印刷
科学出版社发行　各地新华书店经销
*
2020年7月第 一 版　开本：787×1092　1/16
2020年7月第一次印刷　印张：6 1/2
字数：160 000
定价：98.00元
（如有印装质量问题，我社负责调换）

丛 书 序

目前，我国已基本完成陆域可测地区 1∶20 万、1∶25 万区域地质调查、重要经济区和成矿带 1∶50000 区域地质调查，形成了一套完整的地质填图技术标准规范，为推进区域地质调查工作做出了历史性贡献。近年来，地质调查工作由传统的供给驱动型转变为需求驱动型，地质找矿、灾害防治、环境保护、工程建设等专业领域对地质填图成果的服务能力提出了新的要求。但是，利用传统的填图方法或借助传统交通工具难以开展地质调查的特殊地质地貌区（森林草原、戈壁荒漠、湿地沼泽、黄土覆盖区、新构造 - 活动构造发育区、岩溶区、高山峡谷、海岸带等）是矿产资源富集、自然环境脆弱、科学问题交汇、经济活动活跃的地区，调查研究程度相对较低，不能完全满足经济社会发展和生态文明建设的迫切需求。因此，在我国经济新常态下，区域地质调查领域、方式和方法的转变，正成为地质行业一项迫在眉睫的任务；同时，提高地质填图成果多尺度、多层次和多目标的服务能力，也是现代地质调查工作支撑服务国家重大发展战略和自然资源中心工作的必然要求。

在中国地质调查局基础调查部指导下，经过一年多的研究论证和精心部署，"特殊地区地质填图工程"于 2014 年正式启动，由中国地质科学院地质力学研究所组织实施。该工程的目标是本着精准服务的新理念、新职责、新目标，聚焦国家重大需求，革新区调填图思路，拓展我国区域地质调查领域；按照需求导向、目标导向，针对不同类型特殊地质地貌区的基本特征和分布区域，围绕国家重要能源资源接替基地、丝绸之路经济带、东部 T 型经济带（沿海经济带和长江经济带）等重大战略，在不同类型的特殊地区进行 1∶50000 地质填图试点，统筹部署地质调查工作，融合多学科、多手段，探索不同类型特殊地质地貌区填图技术方法，逐渐形成适合不同类型特殊地质地貌区填图工作指南与规范，引领我国区域地质调查工作由基岩裸露区向特殊地质地貌区转移，创新地质填图成果表达方式，探讨形成面对多目标的服务成果。该工程一方面在工作内容和服务对象上进行深度调整，从解决国家重大资源环境科学问题出发，加强资源、环境、重要经济区等综合地质调查，注重人类活动与地球系统之间的相互作用和相互影响，积极拓展服务领域；另一方面，全方位地融合现代科技手段，探索地质调查新模式，创新成果表达内容和方式，提高服务的质量和效率。

工程所设各试点项目由中国地质调查局大区地质调查中心、研究所及高等院校承担，经过 4 年的艰苦努力，特殊地区地质填图工程下设项目如期完成预设目标任务。在项目执行过程中同时开展多项中外合作填图项目，充分借鉴国外经验，探索出一套符合我国地质背景的特殊地区填图方法，促进填图质量稳步提升。《特殊地质地貌区填图方法指南丛书》是经全国相关领域著名专家和编辑委员会反复讨论和修改，在各试点项目调查和研究成果的基础上编写而成。全书分 10 册，内容包括戈壁荒漠覆盖区、长三角平原区、高山峡谷区、森林沼泽覆盖区、京津冀山前冲洪积平原区、南方强风化层覆盖区、岩溶区、黄土覆盖区、新构造 - 活动构造发育区等不同类型特殊地质地貌区 1∶50000 填图方法指南及特殊地质地貌区填图技术方法指南。每个分册主要阐述了在这种地质地貌区开展 1∶50000 地质填图的目标任务、工作流程、技术路线、技术方法及填图实践成果等，形成了一套特殊地质地貌区区域地质调查技术标准规范和填图技术方法体系。

　　这套丛书是在中国地质调查局基础调查部领导下，由中国地质科学院地质力学研究所组织实施，中国地质调查局有关直属单位、高等院校、地方地质调查机构的地调、科研与教学人员花费几年艰苦努力、探索总结完成的，对今后一段时间我国基础地质调查工作具有重要的指导意义和参考价值。在此，我向所有为这套丛书付出心血的人员表示衷心的祝贺！

李廷栋

2018 年 6 月 20 日

前　言

21 世纪以来，地质调查工作由传统的供给驱动型转变为需求驱动型，地质找矿、灾害防治、环境保护、工程建设等领域对基础地质调查工作不断提出新要求。十八大以来，生态文明发展理念逐渐形成，生态文明建设被提到了前所未有的战略高度。地质调查工作适应新要求，加强"山水林田湖"、海岸带、重要经济区与城市群等综合地质调查，紧紧围绕重大需求，在工作内容和服务对象上进行了深度调整，探索新的工作模式，创新成果表达内容和方式，提高服务质量和效率。目前，我国已基本完成陆域可测地区 1 ∶ 200000、1 ∶ 250000 区域地质调查，重要经济区和成矿带 1 ∶ 50000 区域地质调查，形成了一套完整的地质填图技术标准规范，为推进区域地质调查做出了历史性贡献。近年来，我国积极借鉴美国、加拿大、澳大利亚等发达国家的成功经验，开展多尺度、多层次和多目标的地质填图示范，探索适合我国地质特点的区域地质调查新方法。在经济发展新常态下，地质调查工作面临优化能源资源结构、开展生态文明建设、响应"一带一路"倡议、创新驱动发展机制、转变国土资源管理内涵和方式等需求，要求地质调查工作提供更加有力和有效的支撑服务。适应新形势的 1 ∶ 50000 地质填图工作需要拓展到黄土区、森林草原、戈壁荒漠、湖泊沼泽等利用传统的填图方法或借助传统交通工具难以开展地质调查的特殊地质地貌区。

本指南是中国地质调查局"特殊地区地质填图工程"所属"特殊地质地貌区填图试点（DD20160060）"的项目成果之一。工程与项目均由中国地质科学院地质力学研究所组织实施。工程首席为胡健民研究员，副首席为李振宏副研究员；项目负责人为胡健民研究员，副负责人为陈虹副研究员。项目于 2014 年正式启动，其目的是对不同类型特殊地质地貌区开展填图试点，创新现代填图理论及方法，探索适合于各类特殊地质地貌区地质特征和现代探测技术的填图方法。黄土覆盖区是特殊地质地貌类型区之一，多位于我国西北的干旱、半干旱地区。黄土区表层覆盖厚层黄土，生态脆弱，人地矛盾突出，环境地质问题严重，基础地质调查工作程度较低；然而，黄土区也是重大科学问题突出、矿产资源富集、地质灾害频发、生态环境脆弱、重大工程部署的重要区域。因此，开展黄土覆盖区填图试点，探索适用于黄土覆盖区的填图技术方法体系，形成面向多目标的服务成果，可为国家生态文明建设、环境保护、水资源利用、能源资源开发、土地利用、区域经济发展及规划提供基础地质资料支撑。

《黄土覆盖区 1 ∶ 50000 填图方法指南》是在"特殊地质地貌区填图试点"项目所属"甘肃 1 ∶ 50000 大平、西峰镇、屯字镇和肖金镇四幅黄土区填图试点"子项目填图实践的基础上，吸取国内外填图经验与方法，结合试点项目成果编写而成。本指南简要介绍了中国黄土分布、地质特征及黄土覆盖区填图的目标任务、技术路线,阐述了黄土覆盖区 1 ： 50000填图的工作流程及要求，重点论述了黄土覆盖区适用的填图技术方法及组合；并以地处黄土高原腹地的庆阳地区为例开展了黄土覆盖区填图实践。本指南可为厚层黄土覆盖区开展1 ： 50000 填图工作提供指导与借鉴。指南由黄土覆盖区 1 ： 50000 填图技术方法和甘肃1 ： 50000 大平等四幅黄土区填图实践两部分组成，共计十一章。其中，第一章至第六章由李朝柱、傅建利、王书兵、胡健民、杜利明编写；第七章由李朝柱编写；第八章由傅建利、王书兵编写；第九章至第十一章由李朝柱、傅建利、贺建桥编写。

项目实施至指南编写完成，得到中国地质科学院地质力学研究所、中国科学院西北生态环境资源研究院、中山大学、兰州大学、长安大学、北方民族大学等多个单位领导及专家的大力支持和帮助；中国地质科学院地质力学研究所乔彦松研究员、李振宏副研究员、陈虹副研究员、公王斌副研究员，中山大学张珂教授，兰州大学饶志国教授，长安大学李喜安教授、樊双虎教授，北方民族大学马占武副教授全程指导项目实施，并为指南编写提出了许多宝贵的意见和建议；中国冶金地质总局山东正元地质勘查院在地球物理方法实验方面给予了大力协助；中国地质调查局基础调查部领导及各大区中心的专家对指南提出了诸多的修改意见，在此一并表示衷心的感谢！

由于黄土覆盖区地质地貌情况复杂，部分技术方法难以充分实践，加上作者水平有限，书中存在诸多不足之处，敬请读者批评指正。

作　者

2020 年 4 月

目　　录

第二部分　甘肃 1 ： 50000 大平等四幅黄土区填图实践

第一部分　黄土覆盖区 1 ： 50000 填图技术方法

第一章　绪　　论

第一节　中国黄土概况

一、黄土概况

黄土（Loess）通常指由风力搬运堆积而成，主要由粒级 0.01～0.1mm 范围的粉砂和黏土组成，富含碳酸盐（有时含硫酸盐或氯化物盐类）并具有大孔隙，未经次生扰动、无层理的浅黄或褐黄色土状沉积物。风力搬运之外受流水等作用改造的或其他成因的、质地不均一、常具有层理的黄色土状堆积物，则称为黄土状土或次生黄土。

中国黄土和黄土状土主要分布于北纬 30°～49° 的干旱、半干旱地区，北起阴山山麓，东北至松辽平原和大、小兴安岭山前，西北至天山、昆仑山山麓，南达长江中下游流域，分布面积约 73.5 万 km^2。从海拔来看，黄土分布的海拔自西向东由 3000 多米降到数米，西部的少数地方可分布到海拔大于 4000m 的山地。不同时代的黄土沉积中心有所差异，早、中更新世的黄土沉积中心位于泾河、洛河流域；晚更新世黄土的沉积中心则位于六盘山以西的陇西盆地。

黄土根据岩性特征可分为黄土层和古土壤层，在垂向上呈交替叠覆的关系。黄土层一般为棕黄 - 灰黄色，粒度相对偏粗，形成于干冷的气候；古土壤一般为棕红 - 褐红色，粒度相对较细，经过了土壤化作用，形成于比较暖湿的气候。黄土和古土壤层的相互交替，记录了第四纪时期古气候的变迁。黄土 - 古土壤序列的气候记录可与深海氧同位素阶段进行对比，同受米兰科维奇理论所阐明的地球轨道要素及全球冰量等因素的影响，具有明显的周期性特征。黄土沉积记录的气候转换过程中，冷期向暖期的气候转换具有一定的突变性，暖期向冷期的气候转换具有渐变性特征，部分气候代用指标变化有明确反映。黄土的磁化率、粒度、元素含量、孢粉等指标在黄土研究中常被用作古气候代用指标。

黄土的化学成分以 SiO_2 占优势，占 60%～72%，其次为 Al_2O_3、CaO，再次为 Fe_2O_3、MgO、K_2O、Na_2O、FeO、TiO_2 和 MnO 等。黄土中的常量元素主要有 Si、Al、Ca、Fe、Mg、K、Na 等，含量占到 85%。微量元素主要有 Ti、Mn、Sr、P、Ba、F、Zn、V、Cr、B 等几十种。

黄土中的矿物包括碎屑矿物、黏土矿物和自生矿物三类。碎屑矿物主要是石英、长石和云母，占碎屑矿物的 80%，其次有辉石、角闪石、绿帘石、绿泥石、磁铁矿等；黏土矿物主要是伊利石、蒙脱石、高岭石、针铁矿、含水赤铁矿等；自生矿物主要为碳酸盐矿物，主要是方解石。

　　黄土受自身的沉积特性、古地形及外营力作用（流水、重力、地下水、风力等）影响，形成了特有的地貌形态。黄土区地貌可分为黄土侵蚀地貌（纹沟、细沟、切沟和冲沟等规模不等的沟谷）、黄土堆积地貌（塬、墚、峁）、黄土潜蚀地貌（黄土柱、黄土碟、陷穴和天生桥等）和灾害地貌等主要类型。

　　黄土分布区在自然地理区划上主体属于干旱、半干旱区，水土流失严重，生态环境脆弱，自然灾害频发；我国近三分之一的地质灾害发生在黄土地区，此外，黄土区还面临沙尘暴和水旱灾害等问题。自然灾害频繁、水资源短缺、土地贫瘠和人口快速增长，导致黄土覆盖区生产力低下，人地矛盾突出。

二、主要黄土分布区

　　根据黄土的分布区域，结合沉积特征、物源、地形地貌和环境意义，可将我国黄土分布划分为以下 6 个子区：黄土高原区、东北黄土区、滨海黄土区、长江中下游黄土区、川西黄土区及西北黄土区。各子区黄土特征如下。

1. 黄土高原区

　　黄土高原是我国四大高原之一，地处黄河中游流域，既是中国黄土的分布中心，也是世界上黄土分布最集中、面积最大的地区。黄土高原位于中国第二级地貌阶梯之上，大致位于北纬 32°～41°，东经 102°～114°，南北距离约 700km，东西距离约 1200km，海拔 800～3000m，面积约 64 万 km^2。以六盘山为界，分为陇东黄土高原和陇西黄土高原两部分，总体地势是西北高、东南低。黄土高原包括中国太行山以西，青海日月山以东，秦岭以北，长城以南的广大区域，行政上涉及山西、内蒙古、河南、陕西、甘肃、宁夏、青海 7 个省（自治区）。

　　黄土高原地区黄土分布面积占全国的 72% 以上，除太行山、吕梁山、六盘山等石质山地外，黄土高原大部分地区为厚层黄土覆盖，大部分厚度为 0～250m，平均厚度近百米（Wang et al.，2010）。以泾河与洛河中下游流域为黄土沉积中心，其他地区从十几米到几十米不等（图 1-1）。其中黄土高原中南部，如董志塬、洛川塬、淳化以及兰州—定西之间的区域是黄土最厚的地区，平均厚度超过 200m，最厚可超过 300m；黄土厚度向四周变薄，到延安、靖边一带厚 100～125m，到太行山麓仅为 10～40m，在河谷区域黄土厚度相对较小。

　　黄土覆盖区以黄土高原黄土厚度最大，地层完整，除了局部山地有晚期黄土披覆外，基本连续堆积于新近系及其他古老岩层之上，形成塬、墚、峁等不同的黄土地貌形态。近南北走向的山脉，把黄土高原分隔成三个不同的亚区：①乌鞘岭与六盘山之间为西部亚区，黄土下伏的基底地层主要是新近纪的甘肃群，抬升较高的地方构成亚区的主要山系。黄土分布于山地斜坡、山间盆地及高阶地上，黄土的堆积面仍基本反映出基底地形的起伏。②六盘山与吕梁山之间为中部亚区，黄土成为一个连续盖层，上覆于上新世红土之上，充

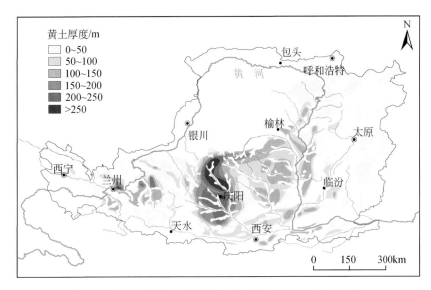

图 1-1 黄土高原黄土厚度分布图（据 Wang et al.，2010）

填了多数原始河谷和盆地，少数深切河谷底部见有基岩出露，黄土厚达数百米，地层完整。发育于塬区的不同时代黄土平行接触，古土壤与黄土交替叠覆。在地形起伏大的地区，沟谷边缘可见古土壤层顺坡倾斜，不同时代黄土层表现为角度不整合，间或有河湖相的堆积，反映出黄土沉积的间断。黄土高原的北部靠近沙漠边缘，黄土常表现出与风成砂交替叠覆，反映第四纪以来风力盛衰的变化。③吕梁山与太行山之间为东部亚区，山地和盆地地形起伏明显，黄土覆于盆地边缘及河流阶地之上，有的盆地间分水岭也披覆薄层黄土。

黄土层和古土壤层分别用 L_n 和 S_n 来命名，完整的黄土地层序列划分为黑垆土（S_0）、马兰黄土（L_1）、离石黄土（$S_1 \sim L_{15}$）和午城黄土（$S_{15} \sim L_{33}$）。黄土地层中包含一些特征层位，如其中第 5 层古土壤（S_5）为复合古土壤，由 3 层古土壤和 2 层黄土组成，俗称"红三条"；第 9 层黄土（L_9）和第 15 层黄土（L_{15}）粒度明显粗于其他黄土层，俗称"上粉砂层"和"下粉砂层"。L_9 以上的黄土层与古土壤层厚度大，野外特征清晰，易于识别；其下的黄土层与古土壤层厚度相对较小，界面不易区分。基于沉积地层学，以 S_1、S_5、L_9 和 L_{15} 等为标志层，区域内的黄土–古土壤序列间可进行横向对比。

黄土序列起始堆积的年代约 2.6Ma B.P.，顶部的全新世黑垆土（S_0）和晚更新世马兰黄土（L_1）一般用 ^{14}C、光释光（OSL）等测年方法可提供较准确的年代，较老的黄土地层时代通常采用磁性地层年代学方法确定。其中 Brunhes（布容）-Matsuyama（松山）地磁极性倒转（即 B/M 界线）一般在 L_8 的底部或 S_8 的顶部，Jaramillo（贾拉米洛）极性亚时的顶、底界分别位于 S_{10} 上部和 L_{13} 的顶部，Olduvai（奥都威）极性亚时的顶、底界线分别位于 S_{25} 的顶部、S_{28} 的底部或 L_{29} 的上部，Matsuyama-Gauss（高斯）地磁极性倒转（即 M/G 界线）位于 L_{33} 底部红黏土顶部（郑国璋和岳乐平，2005）。

2. 东北黄土区

中国东北地区的黄土多位于浑善达克沙地、科尔沁沙地、松嫩沙地和呼伦贝尔沙地的下风区，主要分布在辽西丘陵、松辽平原和辽东半岛等地，常披覆于丘陵与河谷中。随着地貌和气候条件的变化，黄土地层厚度与岩性变化较大。其中辽西丘陵的黄土为东北地区的代表，这一带的黄土主要分布在赤峰、通辽、朝阳、阜新境内。由于距离源区较近且质地较粗，黄土地层中常夹古风成砂，发育砂质黄土或砂质古土壤。

东北黄土以科尔沁南缘赤峰地区及哈尔滨地区研究得较深入，其厚度要远小于黄土高原地区，赤峰地区厚度一般在 40m 左右，最厚达到 60m；哈尔滨荒山厚度一般在 20m 左右。黄土岩性与黄土高原类似，地层呈现明显的红褐色（古土壤层）与黄色（黄土层）的颜色交替。下部磁化率值较高而上部磁化率值较低，表现出与黄土高原不一致的特征。地层时代上，赤峰地区最老年龄为 1.22Ma B.P.（Zeng et al.，2016），哈尔滨地区大约在 0.2Ma B.P.（吴锡浩等，1984；魏传义等，2015）。

3. 滨海黄土区

滨海黄土区主要包括辽东半岛和山东半岛。呈条带状分布于北纬 36°～49°，东经 120°～123°，在渤海与黄海之间形成北北东 - 南南西向的断续黄土堆积带，其中以辽东半岛西北侧、庙岛群岛和胶东半岛蓬莱西侧最为发育。

辽东半岛黄土主要分布于辽东半岛西北侧和西侧，北起盖州市仙人岛，南至旅顺，断续堆积长达 200 多千米，海拔一般低于 100m，呈零星分布。在大连地区主要分布于西北岸，厚度为 1～5m。辽东半岛黄土主要分布在低山丘陵的滨海地带、坡麓沟谷、低洼谷地及河流高阶地上，零星披覆。从金州到旅顺一带的典型黄土，以黄土台地为其地貌特征，披盖在山麓剥蚀平台、低丘和上新世剥蚀面上，随原始基岩地形起伏。黄土厚度一般为 10～25m，最厚可达 30m。

山东地区黄土主要分布在渤海湾滨海与岛屿区和鲁中山前区。渤海湾滨海与岛屿区主要包括庙岛群岛黄土、莱州湾沿岸黄土，其分布大致与岸线平行；鲁中山前黄土集中分布于鲁中山地的北麓坡地和山地边缘的山间盆地，胶东山地也见零星黄土状沉积。山东地区黄土的出露厚度一般在几米到几十米，大部分地区厚 15～25m，其中晚更新世黄土一般厚 10m 左右，最厚可达 15m；中更新世黄土较薄，厚度一般小于 10m。

山东地区黄土堆积场所地貌类型多样，从山前倾斜平原、山麓边缘的山间盆地到滨海的冲积平原，堆积分布海拔也从数米到 200 余米。分布方式以填充式和覆盖式为主，披挂式次之。

4. 长江中下游黄土区

长江中下游黄土按其沉积特征分为下蜀黄土、网纹红土和成都黏土等类型。

其分布范围北起南阳—桐柏—淮河一线，经长江中下游地区，南至南岭山地，东界大致沿杭（州）嘉（兴）湖（州）—宜（兴）溧（阳）山地—安庆—淮河中下游，向东延至东南沿海海岸以及向东北延至淮河以北，向西直至川西高原东缘。网纹红土的分布范围在气候上大体与中、北亚热带相一致；海拔最高上限可达 1500m 左右，一般都在 500m 以下；地貌上网纹红土多数分布于长江中下游地区的阶地、岗地、低缓丘陵、山间盆地，少数见于山麓地带。其地层结构清晰，自上而下依次分布疏松黄土或现代土壤层、固结较好的黄土或棕红色古土壤（下蜀黄土）、均质红土层、网纹状红土层（红土砾石层）、砾石层或基岩，呈过渡沉积。上部下蜀黄土层的岩性一般由灰黄色、棕黄色、黄褐色等以"黄色"为基本色调的亚黏土组成，黄土层中常夹数层红棕色、棕褐色亚黏土，亚黏土具古土壤化特征。

长江中下游黄土主要为加积型，大部分研究认为中国南方网纹红土剖面上部下蜀黄土开始堆积的时代约为 0.4Ma B.P.，在地层上与中国北方黄土 - 古土壤沉积序列的离石黄土上部之上地层相对比；含网纹层红土的形成时代为中更新世，相当于北方黄土 - 古土壤沉积序列的离石黄土下部至午城黄土上部。磁性地层学研究表明，网纹红土跨越布容正向极性时和松山反向极性时的界线（B/M），网纹红土底界年龄为 0.8 ～ 1.2Ma B.P.（蒋复初等，1997a；李长安和顾延生，1997；乔彦松等，2003），网纹红土顶部延伸至布容正极性时，多认为上限年龄不晚于 0.4Ma B.P.（黄姜侬等，1988）。网纹红土并不是在持续湿热背景下形成的，其间可能经历了相对冷湿或凉干的气候，在下蜀黄土成因上基本形成了风成的共识。

5. 川西黄土区

第四纪黄土在川西高原也有一定范围的分布，从北部阿坝盆地到南面的盐源盆地，从东侧的岷江河谷到西侧的金沙江畔均有断续分布。地形上集中分布于河流阶地、沟谷和断陷盆地。川西高原区黄土分布的厚度依其地貌部位的不同而差异很大，厚者可达 30m 以上，而薄者不及 1m。通常在高出河床 100 ～ 900m 的高阶地、凹形谷肩、山坡、断陷盆地及古冰蚀凹地上分布的黄土较厚，而在河谷低阶地和古冰碛物上覆盖的黄土较薄；在高原内部的黄土较厚，而边缘较薄。川西黄土分布的海拔变化较大，高者可达 4200 ～ 4300m，低者仅 1500m 左右，同一地区黄土的分布高差有时可达 2000 余米。

川西黄土起始堆积与所处的地貌部位相关，高阶地较老，时代在 0.8 ～ 1.15Ma B.P.（陈富斌等，1990；陈诗越等，2002；乔彦松等，2006）；低阶地较新，时代在 0.1 ～ 0.2Ma B.P.（蒋复初等，1997b；王书兵等，2005）。磁化率具有与黄土高原不同的特征，差别较大。多数的石英表面颗粒特征表明川西高原黄土属冰缘沉积，主要为近源的冰碛物短距离搬运的风成黄土。

6. 西北黄土区

西北黄土区主要包括新疆准噶尔盆地和塔里木盆地、青海柴达木盆地、甘肃河西走廊。这些内陆盆地的四周为近东西走向的山脉，如阿尔泰山、天山、昆仑山、祁连山和北山，山地高度一般在海拔 4000m 以上，各盆地的地势，除准噶尔自东而西倾斜外，均自西而东倾斜。

黄土的分布以新疆地区为主，在河西走廊及柴达木盆地西部断续分布。盆地中多为沙漠与山地之间呈带状分布的第四纪沉积物，黄土则多分布于山前地带。新疆黄土在空间上主要分布在准噶尔盆地西缘及天山山麓、塔里木盆地南缘的昆仑山北麓和伊犁盆地东南缘山麓。准噶尔盆地的黄土主要分布在盆地西部塔城地区的山地及南部天山北麓，多呈带状分布，其中以东天山地区分布最广，厚度多为数十米，最厚处可达近百米，黄土层向盆地内逐渐变薄。塔里木盆地的黄土主要分布在西部和西南部的昆仑山北麓一带，在部分山前剥蚀面上形成黄土堆积阶地，在天山南麓也有少量发育。

柴达木盆地黄土间或分布于盆地的东部明山和沿昆仑山北坡的山麓地带。黄土常覆于山脊、山坡及山前丘陵地带，黄土厚度由西而东减薄，厚度数米至十数米，其中以希里沟北第四阶地上的黄土厚度最大，可达 20m 左右。河西走廊的黄土主要分布在酒泉以东的民乐、山丹、武威、古浪和天祝等地，向东直达乌鞘岭。民乐－武威平原黄土成片状分布，它随基底地形起伏。张掖－酒泉平原的黄土分布在永昌以西大黄山西麓和北麓，大马营、永固、民乐、山丹河西侧，以及马营河以西各地，黄土掩覆于玉门和酒泉砾石层之上。

第二节　黄土覆盖区地质地貌特征

一、黄土地层及其研究历史回顾

中国的黄土具有分布广，持续时间长，层序连续且黄土和古土壤相间分布，层次清晰等诸多优势，因而成为全球第四纪环境演变研究的理想载体。

黄土地层的研究已有百余年历史。最早是李希霍芬于 1877 年提出"黄土"一词，当时并未对地层加以细分，而且内涵包括了新近纪的三趾马红土。后来 1923 年安特生将北京斋堂一带的黄土分为更新世的马兰黄土（原生黄土）与全新世的次生黄土。德日进、杨钟健于 1930 年对黄土高原进行调查后，划分出静乐系（现认为属晚上新世），并将其上的黄土，划分为红色土 A、B、C 和其上的马兰黄土。在 20 世纪 30 年代，侯光炯、李连捷、马溶之等开展了中国土壤的调查和研究工作，对黄土的分布和性质等进行了叙述，特别提到豫中黄土中见到红棕色的条带，应是埋藏的古土壤。

20 世纪 50 年代，以朱显谟、石元春等为代表的土壤学家对黄土和黄土中古土壤进行的研究，特别是后来对黄土和古土壤序列的认识破解了黄土中的红色土条带之谜，促进了对黄土研究的全新认识。

60 年代初，刘东生和张宗祜根据山西省隰县午城镇柳树沟及离石区王家沟黄土剖面中黄土、古土壤的岩石学特征及黄土地层中哺乳动物化石和剥蚀面等，将我国黄土地层划分为早更新世午城黄土、中更新世离石黄土（上、下两部分）、晚更新世马兰黄土（刘东生，1965）。随后多位学者也提出过各自的划分方案（王永焱和滕志宏，1983；张宗祜等，1989；孙建中，2005），虽然各划分方案均有一定的依据和合理性，但目前黄土研究中，采用刘东生先生的划分方案最为广泛。

70 年代以来，随着古地磁学、同位素地球化学、年代学等新学科和技术的发展，认识黄土的手段不断进步，研究不断深入。黄土的研究从肉眼观察进入多尺度观察与测量和实验相结合的阶段。黄土与古土壤层的磁化率，随黄土与古土壤中所含磁性矿物的种类和丰度而变化。测量结果显示，黄土与古土壤的磁化率可以作为反映地质作用、环境变化的气候要素的替代性指标（刘东生，1985）。随着年代测定和古地磁方法的应用，获得了较为准确的黄土地层年龄界限：早更新世午城黄土距今约 2.6 ～ 1.2Ma B.P.；离石黄土距今约 1.2Ma 至 79ka；马兰黄土距今约 70 ～ 10ka。深海氧同位素气候曲线发表之后，黄土地层的古气候研究得到了迅速发展。学者将黄土高原沉积与深海沉积进行对比，冰芯的研究结果也与黄土高原进行了对比（丁仲礼和刘东生，1991），这成为黄土高原研究从建立区域性特征到进行全球对比的起点。

刘东生等一批学者通过磁化率、粒度、化学元素等多种方法对黄土-古土壤序列进行了多方面研究，系统分析了我国黄土地层沉积特征以及第四纪以来的古环境变换模式（郭正堂等，1996；陈骏等，1999；刘东生等，2000）。在黄土高原地区，第四纪黄土-古土壤地层序列自顶至底由 33 层古土壤（S_0 ～ S_{32}）和 33 层黄土层（L_1 ～ L_{33}）相间构成，其中，S_0 为全新世黄土（又称黑垆土），L_1 为马兰黄土，S_1 ～ S_{15} 为离石黄土，S_{15} ～ S_{33} 为午城黄土。在随后几十年里，经过学者的不懈努力，不仅证明了第四纪黄土地层是最连续、最完整、分辨率较高的古气候信息载体，而且在古气候记录及全球气候变化研究方面也取得了举世瞩目的成绩（郭正堂等，1996；An and Porter，1997；Ding et al.，1998b）。黄土成为与深海沉积和极地冰芯相媲美的三大古气候研究支柱之一。

20 世纪 90 年代，丁仲礼等利用黄土和古土壤中颗粒组成特征作为冬季风强弱的代用指标，讨论冰期和间冰期环境的变化，所得结果可以与同时期深海沉积中的氧同位素（$\delta^{18}O$）曲线进行对比，吻合较好（丁仲礼和刘东生，1991）。同期，安芷生等（安芷生等，1989；An and Porter，1997）对黄土高原洛川、蓝田等剖面进行了磁化率和粒度的研究，重建了我国北方 130ka B.P. 以来的古气候，尤其是季风的变化过程。近年来，由于各种测试理论和技术的发展，利用黄土记录进行古气候重建的研究日益深入。利用黄土地层中各种物理的、化学的、生物的古气候代用指标（如磁化率、粒度、全铁含量、$\delta^{13}C$、^{10}Be、孢粉等），可获取不同时间尺度的古气候演化特征。

黄土物源研究对于大气环流及亚洲内陆干旱化研究具有重要意义，目前，通过地球化学（Sr-Nd-Pb 同位素、元素地球化学、同位素年代学、碎屑锆石 U-Pb 年龄等）、矿物学（白云石、重矿物等）、物理学（释光灵敏度、电子自旋共振信号和环境磁学等）、气象观测与模拟、地貌学等方法对黄土高原风尘堆积及其潜在源区（北方荒漠和戈壁以及青藏高原东北部）开展的大量示踪研究表明，青藏高原东北部、阿拉善高原、塔里木盆地和内蒙古戈壁可能是重要源区，第四纪黄土的源区主要位于黄土高原以北地区，亚洲干旱化自晚中新世以来存在自西向东扩张的趋势，其驱动力可能为青藏高原隆升和全球气候变化。

风尘堆积出现是干旱化的有力证据，对风尘堆积底界年代的研究备受关注，近年对风尘堆积时代的研究不断取得新进展。早期研究认为最早的风尘堆积为红黏土（又称三趾马红土），形成时代为 8.0 ～ 2.6Ma B.P.（Ding et al.，1998；宋友桂等，2000），为温湿气候条件下的风成沉积。后来，秦安地区发现形成于 22.0 ～ 6.2Ma B.P. 的中新世黄土-古土壤序列（Guo et al.，2002）；庄浪剖面又将其时代推进到渐新世末期 25.6Ma B.P.（强小科等，2010）。至此，中国第四纪黄土、红黏土、中新世黄土三套地层构成了一个全球罕见的、几乎覆盖整个晚新生代的完整陆相风尘记录，成为研究晚新生代我国北方地区环境演化及其与全球重大地质环境事件相关关系的理想地质载体，对进一步开展东亚粉尘沉积的起源和古环境研究具有重要意义，为理解我国西北地区的古气候格局演化和全球变化提供证据支持。

二、黄土沉积特征

黄土的风成成因造就了黄土可堆积于任何基底地形之上，具有"穿衣戴帽"式的沉积特征。黄土地层在垂向上通常存在黄土和古土壤的互层，显示出受控于天文周期的变化和冰期、间冰期的气候周期旋回。

黄土地层质地均一，结构松散，以手搓之易成粉末，含较多的钙质结核，多孔隙，有显著的垂直节理，无层理，碳酸钙含量较高。

典型黄土的透水性较强，常具有独特的湿（沉）陷性质，当土层浸湿时或在重力作用的影响下，容易降低黄土本身的固结强度，因而常常引起强烈的沉陷和变形，也易导致强烈的土壤侵蚀和水土流失。

三、黄土地貌特征

风是黄土堆积的主要动力，黄土高原的侵蚀以流水作用为主。在特殊的自然地理和气候条件下，经内、外营力共同作用，形成了特有的黄土地貌。根据黄土地貌的形态特征、发育部位和形成的地质营力，在类型上可分为黄土侵蚀地貌、黄土堆积地貌、黄土潜蚀地貌和黄土灾害地貌等。

1. 黄土侵蚀地貌

黄土侵蚀地貌以黄土区沟谷地貌为主，根据黄土沟谷分布位置、发育阶段和形态特征，可将黄土沟谷分为纹沟、细沟、切沟和冲沟四种类型。

纹沟是在黄土坡面上由降雨时的片状水流侵蚀形成。纹沟没有明确的主流路线，相互交织穿插。当水流汇聚增大成股流，在坡面上侵蚀成大致平行的沟，则形成细沟。细沟宽度一般不超过 0.5m，深度为 0.1～0.4m，长数米到数十米。细沟的水流继续汇聚，下切深度达到 1～2m，长度超过几十米则形成切沟。切沟就具有明显的沟壁，沟中多见陡坎。水流进一步汇合下切，形成长度数千米或数十千米，深度达数十米甚至上百米的冲沟。冲沟的沟头和沟壁都较陡。由于冲沟切割较深，能达到潜水层，常有地下水出露。冲沟随着水流的侵蚀不断拓展加宽，沟底逐渐平坦，沟谷逐渐趋于稳定，有季节性流水，成为坳沟。长年流水的沟，则可逐渐发展成为河谷甚至宽谷。

2. 黄土堆积地貌

黄土堆积地貌指以黄土堆积体为主体的地貌形态，空间位置上也可称黄土沟（谷）间地貌，是原始地形面上黄土连续堆积所形成的或者后期残留的堆积体形态，典型的黄土堆积地貌包括塬、墚、峁三种类型。

黄土塬是四周被沟谷的沟头蚕食呈花瓣状的黄土堆积高原面。塬的面积广阔，顶面地势平坦，坡度不到1°。我国面积较大的塬有陇东的董志塬、陕北的洛川塬、陇中的白草塬、山西的吉县塬等。其中陇东的董志塬是我国面积最大的塬，长达80km，宽约40km。

黄土墚是长条形的黄土高地。墚的横剖面呈穹形，宽度不一，多数为400～500m，长可达数千米。根据黄土墚的形态可分为平顶墚和斜墚两种。平顶墚的顶部较平坦，坡度1°～5°。斜墚顶部则沿分水线有较大的起伏，墚顶横向与纵向的斜度多为5°～10°。

黄土峁是指孤立黄土丘，平面呈椭圆形或圆形，顶部呈圆穹形。若干峁连接起来形成和缓起伏的墚峁，则被称为黄土丘陵。

黄土堆积地貌的形成和黄土堆积前的古地形起伏及黄土堆积后的侵蚀有关。在波状起伏的丘陵基础上堆积的黄土，黄土地面也随着基底起伏而起伏，现在黄土沟谷则可继承古地形发育，使黄土堆积地面形成长条形的墚和块状的峁。宽广的黄土塬，随着长时间沟谷的侵蚀切割，也可逐渐转变成黄土墚或黄土峁。

3. 黄土潜蚀地貌

黄土地层结构疏松、节理发育，地表水极易沿黄土中的裂隙或孔隙下渗，对黄土进行溶蚀和侵蚀，引起黄土的陷落而形成黄土潜蚀地貌。

地表水下渗浸湿黄土后，在平缓的黄土地面上，在重力作用下黄土发生压缩或沉陷使地面沉陷，形成深数米，直径10～20m的碟形凹地，称为黄土碟。而在地表水容易汇集的沟间地或谷坡上部，地表水下渗进行潜蚀形成深达10～20m的竖井状陷穴和漏斗状陷穴，常分布在谷坡上部和墚峁的边缘地带。当两个陷穴之间由于地下水流的串通不断扩大其间的地下孔道，在陷穴间顶部残留的土体就形成黄土桥。在沟边或塬边部位，流水沿黄土垂直节理潜蚀作用和崩塌作用形成的柱状残留体，称为黄土柱。

4. 黄土灾害地貌

谷坡地带的黄土受到自身结构特征影响和水的作用，极易失去稳定性，发生泻溜、崩塌、滑坡等自然灾害，这些地貌留存构成了黄土区的灾害地貌主体；沟谷内则聚水成灾，山洪频发，在宽阔河谷区淤积形成冲洪积地貌。黄土区地质灾害常掩埋道路、损毁房屋，严重威胁人类的生产和生活安全。我国有三分之一以上的地质灾害发生在黄土高原地区。

第二章 填图目标任务与技术路线

第一节 目标任务及基本原则

一、目标任务

黄土覆盖区 1：50000 区域地质填图的总体目标任务是：在充分收集整理和分析利用黄土研究成果及测区地质资料的基础上，结合测区地质地貌条件，综合运用地表地质调查、遥感、物探、化探和钻探等技术手段，采用数字填图方法，进行多重地层划分和对比，建立新生代覆盖层地层格架，分析地貌、沉积环境及古气候演变规律，查明新生代地层结构、沉积特征、沉积环境和新构造运动特征；揭示基岩面的起伏及隐伏基岩的沉积和构造特征，构建新生代覆盖层的三维地质结构模型；开展黄土覆盖区地貌、构造、生态环境、土壤侵蚀、地质灾害调查，分析其形成和发育规律，探讨各要素间的相关关系；立足于社会经济发展和区域生态文明建设需求，针对性编制专题应用图件，形成黄土覆盖区满足不同层次需求的地质填图成果。

二、基本原则

1. 立足于形成面向多目标需求的成果表达和应用

黄土覆盖区 1：50000 地质填图是一项基础性、公益性地质工作，其形成的表达各地质体基础地质问题的图件产品的最终目标是为国家能源资源保障、社会经济发展、生态文明建设以及地质科学研究等提供基础地质资料和科学依据，服务于多目标多层次的需求。黄土覆盖区基础地质调查应立足于生态环境脆弱、自然资源短缺、人地矛盾突出等问题，通过对黄土覆盖层空间结构及地质地貌特征的调查，结合水土侵蚀、水资源、土地利用、地质灾害等专题研究，形成满足能源资源、水文地质、工程地质、国土规划、城市地质调查等多种需求的基础地质信息产品。

2. 聚焦生态文明建设和资源环境安全，加强相关基础地质问题的调查

随着社会经济的发展和人类活动的加剧，资源和环境问题日渐突出，针对黄土覆盖区内生态环境脆弱、资源承载力低、地质灾害频发的问题，黄土覆盖区的填图工作，应在地球系统科学指导下，从地球表层各圈层的相互作用出发，综合运用多种方法和技术手段，开展多途径、多角度的调查研究，加强地质灾害发生的地质背景及与资源环境容纳量相关基础地质问题的调查，为地方经济发展提供地质环境安全保障。

3. 加强新技术方法的应用，遴选有效的技术手段和方法组合

黄土覆盖区1：50000地质填图与以往常规填图最大的不同在于工作区地表被厚度不等的黄土覆盖，而且除表层黄土覆盖层外，下覆基岩也是研究对象之一。如何构建以覆盖层关键层位等地质界面为基本架构的三维结构，特别是不可视覆盖层之下的基岩面展布情况如何填绘？这在填图内容和技术方法上与以往地表地质调查为主要手段的填图有明显不同。针对黄土覆盖层的特点，不断引入新的技术方法，并且选择有效的技术手段和方法组合来尽量准确、高效地刻画黄土覆盖层和基岩地质要素，是黄土覆盖区1：50000地质填图的基本原则之一。

4. 地质调查与科学研究相结合

黄土覆盖区1：50000地质填图在优先考虑国家重大战略、生态文明建设、经济社会发展需求的基础上，在重点成矿区带、生态环境脆弱、地质灾害频发地区部署的地质填图项目，应将地质调查与科学研究相结合，对关键基础地质问题以及解决和重大应用需求相关的基础地质问题开展专题研究，提高图幅研究水平和服务能力。

5. 注重促进黄土覆盖区基础地质调查人才队伍建设

黄土覆盖层特殊的沉积结构和地质特征，导致填图所涉及的工作任务和技术内容较为专业，项目组人员组成要求专业齐全、结构合理，除应包括熟悉黄土覆盖层沉积特征的专业人员外，还应有地层古生物、岩石、构造、物探、化探、矿产等技术骨干，另应特别注重遥感技术人员的配置，并保持人员稳定。

第二节　填图阶段划分

黄土覆盖区地质填图工作应遵循项目立项、资料收集和预研究、野外踏勘、设计编审、野外地质调查、资料整理和野外验收、综合研究和成果编审、资料汇交等工作程序。黄土覆盖区地质填图工作原则上划分为预研究与工作设计、野外填图与施工、综合研究与成果编审、成果汇交与出版四个阶段。

1. 预研究与工作设计阶段

预研究与工作设计阶段主要工作包括以下内容。

人员队伍的组织：根据黄土覆盖区的地貌特征和地质条件，组织熟悉黄土覆盖层沉积特征的专业人员以及包含遥感、地层古生物、岩石、构造、物探、化探、矿产等技术骨干在内的填图队伍。

资料收集与整理：系统收集测区地质调查、构造、地层、地球物理、水文地质、工程地质和钻探等前期地质资料，特别是生态、环境及黄土相关研究成果，分析整理后，对工作现状进行分析和评价，明确调查区工作需求和存在的主要地质、环境问题，形成工作程度图。

编制遥感解译图：针对测区地形地貌特点，充分收集或购置中－高分辨率遥感数据、数字高程模型等多种相关资料；重点进行中、高分辨率遥感解译（地层、地貌、构造、地质灾害、水系等），编制测区遥感解译图。

野外踏勘：在了解测区地质地貌、自然地理和人文特征，完成初步遥感解译的基础上，针对不同地貌类型及地层结构，选择重点区域，开展野外踏勘。对初步遥感解译结果进行验证，建立解译标志；优选实测地层剖面，构建测区地层格架，确立基本填图单元。

编制设计地质图：充分利用区域地质调查及研究成果资料，结合遥感解译成果，编制设计地质图。

编制工作部署图：综合遥感解译图和设计地质图，结合测区地质地貌特征，合理部署填图路线；针对不同调查目标选择合理有效的地球物理方法和技术手段组合；根据目标地质体及测区地层，确定钻探的工艺和施工地点，编制测区工作部署图。

编写工作方案和设计书：在前述工作的基础上，进一步完善遥感地质解译图、设计地质图，调整优化工作部署图，设计工作方案，完成设计书的编审。

2. 野外填图与施工阶段

黄土覆盖区野外填图与施工阶段是填图工作的主体阶段，主要是通过有效的技术手段和方法组合，尽可能详细准确地获得测区地质结构、沉积环境和构造运动等地质信息。主要包括遥感地质解译与初步验证、典型区域地表路线地质调查、地表地质剖面实测、地球物理探测、地球化学探测、地质钻探、构造地貌的调查与实测、年代学及环境代用指标等样品的野外采集和测试分析等工作。

野外填图与施工阶段涉及多种技术手段和方法的联合使用，该阶段各项工作需要分步骤有序开展，首先是对测区的详细遥感地质解译及按地质地貌特征进行区划；然后依据基本地质地貌特征分区布置地表地质调查路线；选取地层出露完整，露头清晰，地层地貌具有代表性的典型塬区开展地层、地貌调查；选取典型地层剖面建立基本地层格架，确定基本填图单元和非标准填图单位，围绕重点工作区进行系统的地层剖面测制；开展地层、地貌、构造、生态、地质灾害等地质内容的路线调查。在获取测区基本地质格架的基础上，选择重点工作区，开展地球物理勘查和钻探施工。参考前人对测区地层年代等方面的工作成果，在钻孔岩心或剖面地层中系统采集岩石地层标本、环境代用指标样品；同时，在标准剖面中系统采集土沉积学、土力学、土壤侵蚀、环境样品，通过测试分析为地层沉积相变化、工程地质背景、侵蚀强度、环境及古气候分析和研究工作提供数据。根据不同测年方法约束条件，系统采集 ^{14}C、光释光和古地磁等年代学测试样品，对各地层及地貌年代框架进行厘定。

质量检查：项目实施过程中执行“三级质量检查”制度，一是作业组的自检和互检。自检主要是野外工作过程中，各作业组自行检查，每周进行一次。互检是各作业组在野外工作期间，各作业组自行检查后，交换资料进行检查，每月进行 1 ～ 2 次。二是项目组的检查，主要包括项目野外工作期间的检查和年度阶段性检查。野外工作期间的检查由项目负责人组织技术骨干依据施工进度对各施工工程质量进行检查，并检查所获取野外资料的质量，对各作业组野外资料的检查可采用流动抽检的方式进行；年度阶段性检查是在野外收队后一个月内，对野外工作中收集到的资料进行全面检查。三是项目承担单位和上级管理部门对项目组野外工作质量（工作进度、野外资料、人员组织、项目管理等）进行检查，对测区的重大地质问题进行会诊，提出解决方案，明确下一步工作目标和重点。

完成实际材料图及野外地质图：在完成测区地表路线地质调查、剖面测制、地球物理勘查和钻探施工、构造地貌调查等野外工作任务后，结合填图工作中获取的各类资料，运用"V"字形法则，通过连图构建测区各地质体的空间特征和相互关系，形成实际材料图和野外地质图。

野外验收：在完成全部野外地表路线地质调查、剖面测制和施工任务后，对获取的全部资料、数据进行系统整理，完成对野外原始资料与数据库的野外验收。

3. 综合研究与成果编审阶段

综合研究与成果编审阶段的主要工作内容包括野外工作资料的综合整理分析，空间数据库的建设、三维地质模型建模，专题图件等成果图件的编制、学术（科学问题）研究成果和黄土覆盖区填图技术方法总结报告的编写等。

地质资料的整理与专题图件的编制：对野外地表路线地质调查数据及记录进行整理和检查，综合实测地质剖面和钻探成果，验证和完善地球物理反演模型；整合调查资料，构建测区地层的三维结构模型；编制相关专题图件（如基岩地质图、构造纲要图、地貌分区图、土壤侵蚀分区图等）。

成果地质图件的编制及区域地质调查报告的编写：在完成实际材料图和野外地质图的基础上，通过对野外验收过程中专家提出的问题和意见的补充工作，结合室内资料和样品测试数据的分析整理，编制成果地质图和区域地质调查报告。

成果评审验收：针对室内资料和数据分析整理中的问题，针对性地对关键问题开展工作，在充分对野外原始资料和室内数据进行检查和完善后，由项目主管部门组织评审验收。成果验收一般在野外验收后6个月内完成，验收时应提供成果图件、报告、模型和数据库等成果资料，以及项目任务书、设计书、野外验收意见与审批文件、项目承担单位的初审意见书等管理性文件。成果评审验收通过后，项目组按评审验收意见进行修改，并报项目主管部门审核认定。

4. 成果汇交与出版阶段

成果的发表：根据对测区地层、地貌、构造活动等基础地质资料调查的新认识，结合黄土覆盖区有效手段和技术方法组合实验研究以及区域地质调查取得的新成果，深化对重大地质问题和科学问题的探讨，提升黄土覆盖区地质填图的水平和质量。

资料的归档与汇交：地质调查工作中形成的原始资料归档按照《原始地质资料立卷归档规则》（DA/T 41—2008）要求执行；工作过程中所形成的有价值的实物资料，应按规定向相应馆藏机构汇交；成果地质资料（如区域地质调查报告、成果图件、成果数据库、原始资料数据库等）应在评审后 6 个月内汇交。

第三节 技术路线和技术方法

一、基本思路

综合运用地表路线地质调查、遥感、物探、化探和钻探等技术手段，查明黄土等新生代覆盖层各沉积地层单元，揭示基岩面及隐伏基岩的岩性和构造特征。进行多重地层划分对比，厘定新生代地层层序和格架，构建新生代地层的三维地质模型。开展黄土覆盖区构造地貌演变、生态环境、土壤侵蚀和地质灾害的调查研究，分析其形成和演化规律，揭示新生代地质结构、沉积环境演变和新构造运动的特征。在地球系统科学观指导下，围绕地球表层各圈层的内在联系，探讨地貌、构造、环境、土壤侵蚀和地质灾害间的相互关系，探索黄土覆盖区不同层次地质填图成果的表达和应用，编制成果地质图和专题图件，服务于区域国土资源规划利用、地质环境安全和生态文明建设需求。

二、技术路线

（1）在全面收集测区各种地质、遥感、物探、化探和钻探等资料的基础上，充分利用遥感影像（如 WorldView、SPOT、GF、ETM 等）及数字高程模型（DEM），识别和提取地形地貌及地质构造信息，确定主要地貌单元和地层分区，确定最优野外填图路线、关键地质点位置以及野外填图工作量。根据黄土沉积特性和地形地貌发育特征，黄土覆盖区可分堆积区（塬、梁、峁区）和侵蚀区（谷地）开展工作。

（2）加强新技术和新方法在黄土覆盖区填图中的应用，实验不同地球物理勘探手段的应用效果，确定适合工作区的技术方法组合。

（3）通过详细地表地质调查，综合运用物探、化探、遥感和钻探等技术手段，采用数字填图方法，查明测区内覆盖层地层类型、分布、沉积结构特征；在测区不同沉积类型分布区，选择地表露头或通过钻探工程采集样品，进行系统的年代学、沉积学及工程地质特性的研究，确定地层时代、结构、古环境演变过程及构造变形特征。

（4）在充分收集、分析前人资料的基础上，结合翔实的地质调查资料，充分利用物探、钻探等多源数据，揭示隐伏基岩特征。

（5）加强以河流地貌为主的构造地貌及其变形特征的调查与研究，结合年代学测试，确定测区新构造活动特征。

（6）调查工作区的地质灾害类型、分布及地质背景，结合新构造运动特征，综合分析其成灾条件及发育规律。

（7）根据相关标准，编制系列地质图和专题图件，建立空间数据库，总结基础地质特征，编写区域地质调查报告，创新黄土覆盖区填图思路和成果表达。

具体技术路线如图 2-1 所示。

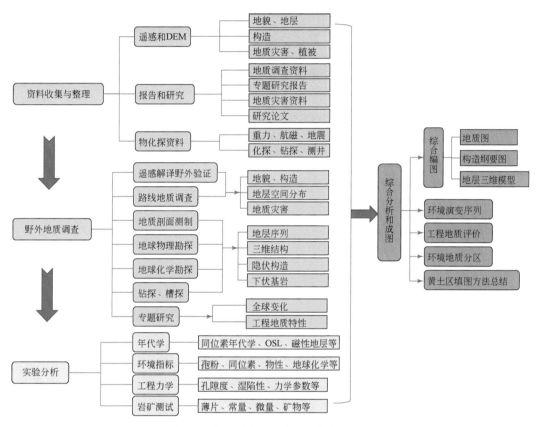

图 2-1　黄土覆盖区地质调查技术路线图

三、技术方法

1. 多源遥感数据与 DEM 数据的综合解译

遥感技术对指导合理布线、准确连图、提高图幅整体质量与研究水平，有着积极有效的作用。遥感解译工作采用初步解译→野外验证→重点解译→重点验证的工作流程，贯穿整个区域地质调查工作始终。

遥感数据与数字高程模型相结合，开展综合解译，识别和提取地貌、水系、地层、地质构造、地质灾害等信息，野外验证后进行详细解译和修正。

在遥感解译工作中，一是广泛收集测区各类地质资料，全面了解测区地质概况及前人工作程度。二是在选取遥感影像资料时，注意优选信息丰富、多时相、多波段、分辨率高的遥感数据。三是要以地理信息系统技术为支撑，结合 DEM，采用多源数据融合方法进行数字图像处理，综合多元信息优势，突出目标地质信息，提高解译程度。目视与计算机辅助相结合进行影像解译，由点及面，运用遥感图像处理方法，从不同地形、影纹、色调等特征来进行综合分析判别，并对所提取的信息进行野外验证，编制测区遥感地质解译成果图件并编写相应报告。

对于遥感数据源的选择，要根据研究区的地质地貌特征、主要目标任务及经费情况，以解决地质问题和性价比最佳为原则，来确定遥感数据源时相及类型。

对于黄土覆盖区而言，由于黄土地层上下叠覆的地层结构和"穿衣戴帽"的披覆沉积特征，遥感影像难以达到对黄土地层单元的精细划分，但是，对河谷或较宽的深切沟谷中有一定出露面积的基岩及中-上新统红黏土具有一定的识别能力。另外，遥感解译对黄土地貌、构造形迹及崩塌、滑坡等地质灾害的识别具有重要作用。

2. 路线地质调查

根据地质复杂程度、各工作分区的地形特点以及存在的重要地质问题，结合遥感解译结果，合理布置填图路线，采取主干路线与辅助路线相结合的方式进行路线地质调查。

在测区的路线地质调查中，按黄土塬、墚区及沟谷分布区划分子区，路线以黄土塬外围的深切冲沟为重点，沿冲沟延伸方向布设，以查明覆盖层类型、地层的垂直分层、横向变化等分布特点；同时，路线地质调查中注重对地形、构造地貌、基岩、地质灾害及生态环境要素等地质内容的详细调查。

根据黄土覆盖区地质特征，在黄土塬外围深切沟谷、墚、峁等黄土地层出露较好部位以 1～2km 间距布设路线，开展详细路线调查；在穿越路线过程中，对于视域内标志层出露清晰但难以到达的高大陡壁，可采用相机拍照结合测距仪测距定位的方式，遥测确定标志层位置；结合黄土剖面中的标志层位及磁化率测试的辅助分层等工作，共同构建黄土地层框架。

3. 地质剖面测制

结合地表路线地质调查，选取地层出露连续、完整，露头清晰，易于工作的典型剖面，按不同类型地层选择不同比例尺，进行系统测制，采集岩石薄片、环境指标及年代测试等各类样品。

针对黄土覆盖区各类覆盖层垂向叠覆严重，地层出露厚度较小的沉积特征，剖面测制以 1：500 比例尺为主。剖面测制时，尽量沿深切沟谷地层出露清晰的陡壁垂向进行测制。针对黄土覆盖层中黄土和古土壤层磁化率差异明显的特性，野外运用磁化率仪进行高分辨率（10～20cm）测量，协助精细分层，同时在剖面地层对接中，充分利用黄土地层的水平展布特征，利用测距仪对接，提高精度。

通过剖面测制，查明覆盖层空间展布情况及其与地貌的关系；建立剖面地层层序和年代地层格架。结合差分 GPS 测量，架构标志层位及特征界面的空间位置，为构建三维地质模型提供基础数据。

系统采集不同层位黄土样品进行物理、化学和土力学性质分析测试；结合调查资料，获取与工程建设和灾害发育密切相关层位的孔隙度、含水性、湿陷性、抗剪强度等要素的基本特征，明确其空间展布规律，为区域地质灾害防治及工程建设提供地质资料支撑。

4. 地球物理勘查

黄土覆盖区填图中地球物理勘查的目的是对覆盖层及隐伏基岩地质、构造等进行定性和定量解释，工作重点是探测隐伏地质体性质及其边界、解释推断基岩面起伏、参与构建三维地质结构模型等。

地球物理勘查工作部署的原则是在充分收集、利用已有各种物探资料的基础上，部署和开展必要的面积性物探和控制性物探工作；其解译成果作为钻探工程布置的重要依据；再以钻探揭露成果为约束，对地球物理资料进行校正和反演，建立地球物理反演模型并提供解译成果。

黄土覆盖区地球物理探测集中于标志层、地质体边界、基岩界面及隐伏构造等目标，针对覆盖层结构松散、孔隙发育、厚度大的沉积特征，黄土覆盖区通常可运用高密度电法、瞬变电磁法、音频大地电磁、地质雷达等物探手段对黄土覆盖层、河湖相沉积地层、下伏基岩等地质体进行探测分析。

（1）高密度电法是电测深和电剖面两种方法的组合，在布设上可一次完成纵横二维的勘探过程，既能揭示地下某一深度岩性的变化，又能提供岩性纵向的变化情况。由于测点密度高，在资料处理方面所采取的独特方法起到了抑制随机干扰和消除人为误差的作用，对两侧的干扰也给予了一定抑制，所以更能突出异常，准确性和有效性有了很大提高，有利于划分覆盖层关键层位界面。

野外工作方法：①明确高密度电法勘探的技术要求。测线的选择与布设、装置形式与极距的选择、观测精度与基本观测方法、参数测定方法与实施等都要在勘查的实施方案中明确，部分不确定因素在正式施工前进行野外实地试验确定。②工程质量评价，为了对成果的可靠性做出较客观的评价，需进行系统质量检查。系统质量检查应均匀分布于整个测区，检查观测使用同一台仪器，检查工作量大于总工作量的5%，不合格数据量不能超过被评价区域内经系统质量检查数据总量的3%。

数据处理流程：首先把所测得的视电阻率，经过数据格式转换，在对数据进行预处理过程中剔除坏点，进行数据拼接和地形校正等，然后通过正演以及最小二乘反演计算，最后得到视电阻率成像断面图。

（2）瞬变电磁法，是利用不接地回线或接地线源向地下发射一次脉冲磁场，在一次脉冲磁场间歇期间利用线圈或接地电极观测地下介质中引起的二次感应涡流场，从而探测介质电阻率的一种方法。可探测目标体与覆盖层或围岩之间有可观测的电性差异，主要用于划分浅－中部地层的电性界面。

野外工作方法：①方法试验。在正式开工前应进行方法试验，以确定方法的可行性及有效性。②工作装置、工作参数选择。应以已知地段或相似测区的类似地质条件的实际地质断面为参考进行正演模拟，求得最佳工作装置及工作参数。工作装置应考虑测区目标地质体的特性、电磁噪声干扰、地质环境等因素。工作参数包括发射回线边长和发射电流选择以及时窗范围的确定等。

工作精度要求：①确定工作精度时首先以取得较好的地质效果为原则，充分考虑仪器的技术性能以及测区的人文干扰情况等，以能够观测与分辨勘查对象所产生的最弱异常为基准，使最大误差的绝对值小于任何有意义异常的三分之一。②地面瞬变电磁法工作的总精度以均方相对误差或平均绝对误差来衡量，对于干扰强度不同的地区有不同的工作精度要求标准。③对于使用晚期道观测数据时，应单独统计拟用晚期道的精度，一般可采用不小于噪声电平 3 倍的平均绝对误差来衡量。在要求高精度和进行定量计算时，可采用不小于噪声电平 5 倍的平均绝对误差来衡量。

质量检查与评价：为了对成果的可靠性做出较客观的评价应进行系统质量检查，系统质量检查量应不低于总工作量的 3%，检查点应在全测区内均匀分布，对异常地段、可疑点、突变点重点检查。并绘制质量检查对比曲线和误差分布曲线并附误差统计表。

（3）音频大地电磁（audio-frequency magnetotelluric，AMT）方法是利用天然（或人工）交变电磁场探测地球电性结构的一种物探方法。AMT 方法是通过接收外场激发下地球内部产生二次电磁场的水平分量 E_x，E_y，B_x，B_y 以及磁场垂直分量 B_z，基于麦克斯韦方程组及其相关理论，对地球介质电性分布进行分析和解释推断探测的方法。AMT 方法探测深度范围从数十米至数百千米，且工作方便，不受高阻层的屏蔽，对低阻层分辨率高，因而在许多领域都得到了成功的应用，得到了广泛重视。

对于厚层黄土覆盖区，该方法在区分第四系黄土层和新近系红黏土层及白垩系砂岩层位时有较好的效果，能基本满足辅助填图的需要。根据点距试验，在地层稳定的前提下，可以适当放稀点距至 100 ~ 200m，即可对测区大面积隐伏基岩顶面等大的界面进行有效探测。

野外施工技术条件：AMT 方法的实施对场地要求不高，平原、山地、丘陵地区均适合开展，但需要尽可能避开工业供电系统产生的地电干扰。

（4）地质雷达（Ground Penetrating Radar，GPR）又称探地雷达，是利用频率为 10^6 ~ 10^9Hz 的电磁波来探测地下介质分布的一种无损探测方法。

探地雷达方法是通过发射天线向地下发射高频电磁波，电磁波在地下介质中传播时遇到存在电性差异的分界面时发生反射，通过接收天线接收反射回地面的电磁波，进而分析接收信号的波形、振幅强度和时间的变化等特征，推断地下介质的空间位置、结构、形态和埋藏深度。由于探地雷达利用的是目标层的物性差异来分辨不同地质体及其界面，因此，探地雷达对于黄土地层中岩性差异小，电性差异不明显的黄土古土壤层的划分作用并不明显，而对于沉积特征差异大的相同成因地层（第四纪黄土层和新近纪红黏土）和不同成因类型或岩性差异明显的地层（冲洪积层、风成黄土层、基岩）有较好的分辨能力。

雷达探测时应根据覆盖层的岩性特征、埋藏深度、地形条件，目标层的电性和物性特征，针对性地选择地质雷达仪器的型号、采用的参数及工作的方式。在解释推断地质雷达探测结果时，应参考地质剖面测制结果，综合地球物理解释推断结果和钻探及测井资料进行。

5. 钻探

黄土覆盖区的钻探施工目的是查明覆盖层地层序列及基岩地质特征，验证物探推断解释成果，追踪和圈定地质体及其接触关系、厚度变化及空间分布，同时，协助调查覆盖层及下伏基岩地质构造特征。

黄土覆盖区填图的钻探施工分为标准孔和控制孔施工两种。标准孔的目的是获取完整的地层层序，建立标准的测区地层格架。因此在钻孔深度的设计上应钻穿基岩上覆黄土等覆盖层，并钻穿下伏基岩一定深度，获取全孔岩心；在孔位选择上，应结合物探方法获取的测区黄土地层基本结构框架和野外勘察结果，选择沉积稳定、完整连续，厚度大的黄土地层分布区布设标准孔孔位，全孔取心，系统采样研究黄土覆盖层的时代、沉积特征和沉积环境。控制孔主要目的是查明地层结构框架和沉积特征，为浅钻孔。另外，实际工作中为解决特征地质问题（如揭露关键位置接触关系等），常在重点工作区布设针对性钻孔。

钻探施工工艺要求：针对黄土覆盖层结构疏松，具有湿陷性等沉积和岩性特征，另外考虑到受热易导致样品的退磁，从而影响黄土地层年代学研究中常用的古地磁极性测试结果，在黄土地层钻探施工工艺上，要求采用加装内套管的双管（三管）单动，加注泥浆，旋转钻进取心的施工工艺；泥浆材料方面，要求选用不失水的泥浆配方，从而有效避免样品被泥浆污染和快速氧化。

钻进完孔后，需要对钻孔进行多参数综合测井，通常选择的参数有视电阻率、密度、孔径、自然伽马、自然电位、双收时差等。通过测井，对地球物理解释推断提供有效标定，也为三维地层结构的构建提供地层框架。

6. 土壤侵蚀建模

黄土高原土壤侵蚀模型建模，首先利用数字高程模型开展空间模拟分析，然后基于滤波方法计算流域的地表切割深度和切割密度，构建土壤侵蚀模型，明确流域土壤侵蚀程度的空间分布状况。结合水文及土壤侵蚀模型，运用放射性核素 ^{137}Cs 示踪法计算土壤侵蚀速率并进行模型验证，在此基础之上，分析不同气候背景下土壤侵蚀强度的差异。综合野外实地调查、DEM、遥感解译和模型模拟结果，进行黄土高原土壤侵蚀强度区划；对土壤侵蚀量、土壤侵蚀风险、关键源区、水土保持方案等进行系统分析并提出合理建议。具体流程如下：

（1）在对研究区相关资料收集和整理的基础上，利用地形、地质背景等数据，生成研究区 DEM 并进行空间分析。基于 DEM 数据，在 ArcGIS 等平台下基于滤波方法计算流域的地表切割深度和地表切割密度，进行地表侵蚀度分级，进而了解流域的土壤侵蚀程度空间分布状况。结合野外考察、DEM 和遥感解译结果，确定典型的小流域，以便后续样品采集和模型构建。

（2）在研究区域采用地形剖面法顺坡布设取样剖面线，沿剖面线按一定距离在不同覆被变化下、不同坡度的坡面上，从坡顶到坡底进行取样，每个样点采集土壤全样和土壤剖面分层样两种。^{137}Cs 本底值取样点选取地势平坦宽阔，且没有堆积的地方。使用放射性核素 ^{137}Cs 示踪法对研究区域土壤侵蚀速率进行测定，直接计算不同区域的土壤侵蚀强度，相关的研究结果也将为后续的模型验证提供基础数据。

（3）收集研究区水文及气象资料，结合野外实地监测数据和所采集样品分析数据，建立区域水文模型；模拟降水—产流—汇流过程，对径流量、含沙量进行模拟，最后以代表性小流域为重点研究对象，建立土壤侵蚀模型；用实测河流径流量、泥沙含量等对模型参数进行标定，分析不同情境下土壤侵蚀强度差异。

第三章　预研究与设计

第一节　资料收集

在开展填图工作之前，必须全面开展资料的收集与分析整理工作，并且始终坚持、贯穿于立项、设计和调查实施的各个阶段。系统收集前人已有资料（包括地质调查资料、科研论文），分类整理已有的地质工作成果，对可利用资料进行筛选、甄别，获取与填图区密切相关的地质资料和成果；分析总结以往各项地质工作成果和进展，掌握测区主要基础地质问题和研究热点。

在预研究与工作设计阶段，应收集整理的资料主要包括以下方面。

一、基础地理资料

地质填图应以符合精度要求的自然资源部国家基础地理信息中心编制的 1 ∶ 50000 纸质地形图或 1 ∶ 50000 矢量化地形图（数据）为基础地理数据。野外工作底图（野外数据采集手图）应采用符合精度要求的 1 ∶ 25000 的矢量化地形图，在没有 1 ∶ 25000 地形图的地区，可采用 1 ∶ 50000 地形图放大，并补充现势性资料。成果地理底图应按照《1 ∶ 50000 地质图地理底图编绘规范》（DZ/T 0157—1995）进行编制。地理坐标系统采用 2000 国家大地坐标系（CGCS2000），1985 国家高程基准。

二、地质调查成果

收集区域地质调查资料的目的是了解测区的地质工作程度，基本掌握测区的前新生界和古近系、新近系及第四系地质特征，主要包括区域地质、水文地质、工程地质、灾害地质、环境地质、矿产地质、石油地质和煤田地质、地震地质、遥感地质等地质工作所形成的原始资料和成果资料，对可利用的成果图件进行统一标准处理后数字化，配准统一坐标系统，套合到地理底图上。主要收集的资料类型简述于下。

1. 区域地质调查资料

收集区域各比例尺地质调查资料，包括纸质和矢量化资料，在必要的情况下收集原始地质资料，包括测制的剖面、地层的分布，结合科研成果资料，初步建立测区地层序列。

2. 物探资料

收集包括重力、航磁资料、地震、电法等各类地球物理勘查资料，了解掌握区域地球物理场特征，以及与本次填图有关的推断成果和各类岩矿石、地层物性资料，为物探方法技术选择和工作量安排提供依据，为解释推断提供借鉴。

3. 区域地球化学资料

收集地球化学调查基础数据和成果资料，整理分析地球化学组分（微量元素、稀土元素、常量元素等）特征和区域地球化学特征。

4. 区域钻探资料

全面系统收集测区已有的各类钻孔资料，包括钻孔岩心编录资料和测井资料。钻探资料分为工程地质钻探、水文地质钻探、第四纪地质钻探和基岩地质钻探。钻探资料用于黄土覆盖区覆盖层填图单元划分、基岩面和三维地质模型构建。

5. 区域水文地质资料

黄土高原是严重缺水地区，充分收集已有的水文地质调查资料、水井资料、水库勘探资料，了解含水层分布特征和水文变化状况。

6. 区域灾害地质资料

黄土高原是水土流失最为严重的地区，同时也是地质灾害频发区域。收集地质灾害调查和治理资料，统计黄土地质灾害类型，并与水土流失和区域小流域治理相联系，为灾害发育的地质背景调查提供基础。

7. 区域矿产地质资料

收集黄土高原区域矿产地质资料，并加以分类整理，了解黄土区的矿产类型、赋存地层、出露的地貌部位，有利于加强填图过程路线布设中对测区矿产资源调查的针对性。

8. 区域工程地质和环境地质资料

收集黄土区工程地质和环境地质资料，了解工程地质情况及环境地质特征，特别是测区与工程建设和生态环境密切相关的有特殊意义的地质体、沉积地层或黄土关键层位，从而在填图工作中，加强对相关层位或地质体的调查，增强最终调查成果和图件资料的实用性。

三、遥感资料

收集资料前应系统地了解各类遥感数据的波谱区间、空间分辨率、光谱分辨率、时间分辨率等技术参数，根据调查区地质地貌特征收集遥感数据，以便最大限度地利用遥感数据提取地质要素信息，并以收集空间分辨率优于 5m 的多光谱遥感数据为主，需要提取异常信息时还应收集合适的谱段数据。光谱区间一般在可见光至短波红外波段，植被茂密地段可补充雷达数据。

用于融合处理的多平台遥感数据时相应尽可能一致。数据收集前应检查数据的质量，云、雾分布面积一般应小于图面的 5%，图像的斑点、噪声、坏带等应尽量少。选取地质信息丰富的波段数据，经过预处理、几何纠正、图像增强、数字镶嵌等过程，制作遥感影像图，作为野外数据采集的参考图层。

对遥感数据进行地质解译和信息提取，编制遥感地质解译草图和信息提取图件，指导野外踏勘和设计编写工作。遥感信息的应用应贯穿工作的全过程。

四、黄土覆盖层相关研究成果

全面收集有关黄土等覆盖层的地层划分、沉积特征、地层时代、物理化学性质、地貌演化过程、古环境记录、水土流失等方面的科研论文和成果专著，归纳总结各个方面主要的研究成果和最新进展，掌握主要的研究方法和技术手段。在归纳整理黄土相关研究成果过程中，要特别注意三个方面的资料：一是各种研究方法的适用性和理论假设前提；二是黄土特征的空间差异；三是对黄土研究的最新认识和进展。这三个方面的资料，将大大提高黄土覆盖区填图中对黄土覆盖层开展工作的准确度和有效性。

第二节　地质调查现状及工作程度

黄土覆盖区是我国重要而特殊的一种沉积类型区，然而，由于黄土覆盖层具有厚度大、叠覆堆积、近水平展布等特性，黄土覆盖区基础地质调查工作程度整体较低，缺少可供借鉴的成熟的填图技术方法体系，大部分尚属填图空白区；目前，黄土覆盖区面临基础地质调查程度无法满足区域经济发展需求的突出问题。

随着社会经济的发展，国家对生态环境安全和生态文明建设日益重视，中央一系列重大的经济规划和战略部署的制定，很多都涉及我国的黄土覆盖区，特别是"一带一路"倡议，更是跨越黄土主要的分布区。同时，我国的黄土分布区也是生态环境脆弱区，逐步开展以黄土覆盖区为主要目标的重要经济区带的基础地质调查，为国家工程建设、能源资源、生态文明建设及地质环境安全提供基础地质支撑，是黄土覆盖区社会发展的重要需求。

黄土覆盖区的地质调查工作虽然开展较早，但以针对矿产资源、油气资源、工程地质及水文地质等专题型小区域地质调查工作为主。20世纪50年代以来，开展了以矿产、油气等资源调查为主要目标的1∶200000和1∶100000的地质详细调查工作，并对一些关键区段做了大量地球物理勘探工作，为黄土区的基岩地质、构造、矿产等调查提供了良好的地质支撑。至20世纪末，黄土覆盖区逐渐完成了1∶200000区域地质调查工作，在早期的区域地质调查中，岩石地层、构造格架和矿产资源等方面的调查和研究是区域地质调查工作的核心内容，对于覆盖层的划分相对简单，缺乏针对黄土覆盖层的地质状况调查。

随着社会经济的发展和人民生活水平的提高，黄土覆盖区的水文地质、工程地质及环境地质问题日益突出，针对性开展了许多区域性的专题地质调查工作，如针对水资源问题的水文地质调查，针对工程建设的工区工程地质调查，针对地质灾害问题的以行政区划为单元的地质灾害详查，针对水土流失问题的以流域为单位的调查研究等。这些调查为黄土覆盖区提供了许多基础资料，但多存在专题性和区域较强的问题，难以全面综合表达地质状况。

目前已基本完成了黄土覆盖区全区的 1：200000 区域地质调查工作，石油、煤炭、矿产、工程等行业在地质勘探过程中也形成了大量的地质调查资料，水文地质调查、地质灾害调查基本覆盖全区。在黄土地层的研究方面，从 20 世纪 50 年代以来，以刘东生为代表的一大批科学家在黄土高原地区开展了一系列的调查研究，在黄土地层、形成时代、理化特征、环境与古气候、新构造、水土流失等方面取得了许多重要进展。

在区域地质调查工作开展前，项目组需要充分收集、整理和分析前人调查资料，在测区相关的各类区域地质、矿产地质、灾害地质、水文地质等调查的相关资料以及相关研究成果的基础上，编制测区工作程度图，全面反映测区地质调查现状和研究程度。工作程度图应能客观反映测区已有的基础地质调查、物探、化探和钻探等工作程度和基础资料，以指导进一步的项目设计和工作部署。

第三节　野外踏勘与设计地质图

野外踏勘的目的是对推断解释的地质图进行野外现场查证，进一步确立填图单元、地貌发育特征、地质灾害类型、水文地质概况等，明确调查手段。

一、野外踏勘内容和要求

区域地质调查遵照《区域地质调查总则（1：50000）》（DZ/T 0001—1991）和《1：250000 区域地质调查技术要求》（DZ/T 0246—2006）等规范中野外踏勘部分的有关要求执行。每个图幅应有 1～2 条贯穿全图幅的野外踏勘路线，路线应参照遥感解译初步报告布设，穿越有代表性的地质体和地貌单元，观察自然露头、人工揭露露头，了解不同地质体的发育特征、接触关系、识别标志，对代表性地质体可采集典型岩石样品、古生物化石和年龄样品，进行初步鉴定和测试。初步建立测区各类地质体、地貌单元的填图单元和遥感解译标志，完善测区设计地质图。

全面了解测区人文、地理、气候、交通等野外调查工作条件，包括揭露工程与物探施工条件、物资供应和安全保障等。开展地球物理、钻探等野外施工场地的初步布设及实地勘察。

二、设计地质图

在收集整理已有地质调查资料的基础上，结合野外踏勘及遥感影像解译，初步确定研究区的地质填图单元和地貌填图单元，并编制设计地质图。设计地质图应该要素完善，按照成果地质图的要求进行编制。

第四章　野外填图与施工

第一节　遥感地质地貌解译

遥感地质解译是从遥感图像中判别各类地质体或地质现象的分布、属性及特征的过程，有其独特的工作方法和作用。黄土覆盖区因具有厚层水平地层覆盖的地质条件及地表侵蚀切割强烈的地形特征，地貌解译更加具有意义。在区域地质调查的预研究中应充分收集不同类型、多时像遥感信息资料，结合高精度DEM，目视与计算机辅助相结合进行影像解译，总结解译标志及判别依据，进行黄土区地质地貌分布特征的综合信息提取，编制遥感解译成果图件并编写报告。

遥感解译工作应贯穿整个区域地质调查工作的始终，采用初步解译→野外验证→重点解译→重点验证的工作流程。随着解译、验证及调查工作的不断深入，逐步总结修正、完善各填图信息的解译标志，进一步指导区域地质填图与综合研究。

利用高精度遥感数据（如WorldView、Quickbird、SPOT、GF等）与数字高程模型（DEM）综合解译，提取和识别地貌、水系、土壤和植被、地层、地质构造等信息。遥感解译工作中，应在广泛收集测区相关资料，全面了解前人地质工作程度、以往成果的基础上，优选信息丰富、多时相、多波段、分辨率高的遥感数据，以地理信息系统技术为支撑，结合DEM，采用多源数据融合方法进行数字图像处理，综合多元信息优势，突出目标地质信息，提高解译程度。遥感解译工作中应做到以下三点：①必须充分掌握和分析遥感影像基本要素（如色调、点纹、线性、面形、环形、微地貌）特征和区域地质概况，最大限度地获取测区地质地貌信息，建立遥感解译标志。②遥感地质解译的内容与区域地质调查内容相统一。以地质理念为基础，掌握地质环境为前提，从遥感图像上挖掘地质信息，在地质调查中验证遥感解译标志。做到遥感与地质在技术上、工作上的融合，充分发挥遥感技术在地质填图中的先导与基础作用，并贯穿于区域地质调查的全过程。③遥感地质解译采用从已知到未知，由点到面，点面结合以及先定性后定量的方法，并且去伪存真，排除各种非地质信息的干扰和影响，通过对比、推理等解译单波段或假彩色合成图像。经常不断地解译、验证、补充、归并、取舍一些遥感影像形态单元，对遥感影像单元进一步细化，使解译内容与客观地质地貌情况相吻合。

第二节　地表地质调查

地表地质调查是区域地质调查中基础而重要的工作方法之一，主要包括以下内容。

（1）路线地质调查。根据地质复杂程度、各工作分区的地形特点以及存在的重要地质问题，结合遥感解译结果，科学合理地布置地表地质调查工作，路线的布设需要带有明确的目的性、预见性。采取主干路线与辅助路线相结合的办法进行路线地质调查。按《1 : 50000 区域地质调查技术要求》，遵循不平均使用工作量的原则，按照数字填图技术规范的要求，所有地质界线、重要接触关系、重要地质构造、地质灾害等重要地质现象等均应有地质观测点控制。着重查明不同地层间的整合、假整合和角度不整合接触、各种构造接触关系等。野外手图采用 1 : 25000 数字化地形图，所有地质体、矿化体界线、正式填图单位和非正式填图单位、各种有意义的地质现象、各种构造形迹及各种有代表性的产状要素（含地层、岩层、面理以及各类样品的采样位置等），均应准确标绘到野外手图上。观测控制点记录翔实，测量数据准确齐全，并附必要的照片和素描图等资料，采集必要的实物标本。

在路线调查中，按地貌地质特征及水系分布划分子区，结合遥感解译成果、地形、地层分布，针对性开展工作。对于黄土堆积的塬、墚、峁发育区，以塬边及墚、峁间的冲沟为重点区域开展布线，以测区内覆盖层露头地层的垂直分层、基岩、灾害、地形、构造地貌及生态调查为主要内容开展详细路线地质调查。结合黄土覆盖区特征，将黄土地层出露较好的冲沟作为重点区域，以沟谷为区块单元，确定地层界线及展布特征。在塬面以1～2km 间距调查地层、地貌及环境状况；塬外围沟谷、墚、峁等黄土地层出露较好区域，开展地层、地貌详细调查，结合黄土 - 古土壤的磁化率特征，进行精细分层，建立黄土区覆盖层地层格架。

对于黄土侵蚀为主的沟谷区，路线以横跨沟谷两侧范围为重点区域，垂直于沟谷走向布设，调查以沟谷两侧的地貌体为重点，重点观察各地质体的沉积结构、空间展布及接触关系，同时查明不同地貌体的地层特征和形成时代。

（2）地质剖面测制。通过实测地质剖面，建立各类地质体空间几何关系以及地质体组合顺序，合理确定区域地质填图中各类地质体的基本填图单位，有效地把握区域地质构造框架。针对黄土覆盖区地质特征，每个填图单位应有 2～3 条实测剖面。结合路线地质调查，选取不同地层类型不同比例尺典型剖面，进行系统测量，选择性采集岩矿样品、环境样品、测年样品及其他测试分析等所需样品，综合分析地球物理成果、钻探编录及测试分析结果，对地球物理勘查中不同物性界面进行分析、判别及验证，结合调查资料构建测区地层三维结构模型。

以 1 : 500 比例尺为主开展黄土覆盖区剖面测制工作，分别查明黄土和红黏土等覆盖层的沉积物类型、物质成分、厚度、成因类型、接触关系、空间展布和分布范围。根据物质组成、时代及其成因划分填图单位；查明不同类型地层空间展布情况及其地貌特征。针对黄土覆盖层不同层位具有明显磁化率变化的特征，运用磁化率仪对标准剖面关键层段进行高分辨率（10～20cm）系统测量，进行黄土地层精细分层；在露头好但沟壁陡直区域，可视情况采取垂直剖面方法进行地层剖面测制，建立地层层序；确定剖面分层特征，结合高精度 GPS，测量覆盖层关键层位及特征界面位置，为构建三维地质模型提供准确数据支持。

针对测区基岩露头，按照区域地质调查规范，开展 1 ∶ 2000 或 1 ∶ 1000 比例尺为主的剖面测制工作。配合覆盖层 1 ∶ 500 比例尺剖面，保证测区各地层单元的完整性，开展不同剖面间地层对比。在构造地貌面发育的河谷区，进行典型河谷横截面小比例尺（1 ∶ 2000 或 1 ∶ 5000）的地貌剖面测制，以准确测量构造地貌面及其与地层的关系，为区域活动构造调查提供数据支持。

依据测区内地质地貌特征、黄土地层空间分布状况，选择典型剖面，对不同层位黄土地层的物理、化学和力学性质采集样品，进行分析测试；结合地质灾害调查资料，确定与工程地质和灾害地质相关的关键层位。

（3）地貌调查。黄土覆盖区具有独特的黄土地貌，黄土地貌的发育，敏感地响应了区域的自然地理环境和构造活动。地貌调查包括对地貌类型、形态、规模、分布、时代及其地质结构的调查。在填图过程中，针对黄土堆积地貌（塬、梁、峁）和黄土沟谷地貌两种地貌类型应分区域开展工作。两种类型区的地貌调查内容各有侧重。地貌调查应与路线调查和剖面测量相结合，增强调查的精度和准确度。

黄土堆积地貌区，应侧重对地貌形态、规模、类型、分布等区域性规律的调查，并注意沉积物类型与地貌的关系；黄土沟谷地貌的调查主要针对河谷区和深切冲沟展开，其中河谷区是调查的重点区域，需详细调查阶地（台地）级数、类型、堆积结构、展布特征等。在河谷区地貌调查中，在实测阶地面的高度、宽度和空间展布的基础上，对各级阶地进行划分和对比，通过年代测试，建立阶地序列，探讨构造地貌发育阶段和过程，为区域构造运动分析提供支持。在构造地貌的年代学研究中，对于低阶地，以 [14]C、光释光、电子自旋共振等年代学测试为主；而对于高阶地，应充分利用阶地面上覆黄土地层，借助磁性地层学方法和黄土地层的天文轨道调谐年龄，通过上覆黄土地层确定阶地的形成时代。

第三节　地球物理勘查方法

黄土覆盖区地球物理勘查的目的是查明调查区内覆盖层厚度、展布、黄土关键层（标志层）沉积界面、下伏基岩面及构造形迹等地质要素，为三维地质结构调查提供基础资料。

黄土堆积为主的覆盖区塬、梁、峁地貌发育，黄土层具有地层相对简单、结构松散、孔隙发育、厚度大和水平展布的沉积特征，不同沉积类型地层间接触关系以整合和平行不整合接触为主。黄土沟谷区，地层沉积类型多样，接触关系复杂，不同地貌体的地层序列及形成时代差别明显。基于不同分区的地质地貌特征和勘查目的，工作过程中有针对性地选择适用的地球物理探测方法或方法组合开展地球物理勘查工作。

黄土堆积区物探工作主要在塬和墚面展开，以探测不同类型地质体界面、关键层位、构造现象和下伏基岩面为主要目的，测线通常沿横切塬（墚）面或由中心至边缘布设；黄土侵蚀区（沟谷区）主要目的是探测不同类型地层、地貌体的沉积结构及其空间接触关系、隐伏构造，测线方向原则上垂直地层走向，且穿越主要地质体和构造形迹，通常沿斜坡走向或横切河谷布设。

地球物理勘查前，应根据目的任务选择典型区域开展多种地球物理勘查方法对比实验，结合已知地质资料综合分析，确定最佳物探手段或方法组合。针对基岩面的探测，由于基岩和覆盖层物性差异明显，在黄土厚覆盖区，宜选用电磁法（CSAMT、AMT）；基岩埋深较浅的地区可采用高密度电法、瞬变电磁法，地形条件较好时可以采用弹性波法。针对黄土关键层位界面的探测，需在数值模拟和野外实验的基础上开展。由于不同地球物理方法的适用探测深度和分辨率差异，探测深度不同有不同的探测方法组合。0～30m 深度，可优先采用地质雷达法；10～50m 深度，可采用高密度电法、小回线瞬变电磁法；50～200m 深度，一般采用音频大地电磁法、大回线瞬变电磁法。深度大于 200m 时，音频大地电磁法对不同类型地层界面有相对较好的识别效果。但由于黄土层内物性差异较小，地球物理方法对于黄土层内的界面识别不太理想。在黄土侵蚀区探测沉积结构差异及其空间接触关系，由于地形起伏较大，宜选用地质雷达法、瞬变电磁法、音频大地电磁法等，而不宜采用电阻率剖面法、弹性波法等对地形敏感的方法。

数据处理和资料解释，应结合已知地质、综合测井等资料，对反演进行约束，同时进行地形校正，提高探测结果的准确度。根据异常尽量详细划分第四纪黄土覆盖层关键层、新近系红黏土、下伏基岩面等地层界面，推断地层含水性，圈定构造异常，建立地质－地球物理模型，为该区地质填图提供基础资料。

第四节　覆盖层三维地质结构调查

一、覆盖层地质要素

黄土覆盖区覆盖层主体为黄土及新近系红黏土地层，三维地质结构的调查主要包括覆盖层和下伏基岩两个目标地质体。调查方法采用地表路线地质调查和实测地层剖面获取的地层信息与钻探揭露相验证，结合地球物理解释对地层界线及展布情况的推测，建立覆盖层三维地质结构。

覆盖层下伏基岩面是黄土覆盖层地质填图的基准面，也是建立覆盖层三维地质结构的重要内容之一，应进行系统调查和表达。结合地表露头、地层剖面、地球物理及钻孔资料等综合信息对基岩面岩性、埋深、起伏及构造属性进行揭示。

结合不同分区的实际地质情况，针对地层的含水隔水性及物性差异，结合测区地层单元的划分，确定重要层面和结构面，进行三维结构调查和建模。

针对黄土覆盖区典型地层结构，立足于塬、梁、峁的黄土地貌特征，以问题为导向，在开展三维地质结构调查过程中，通常考虑以下几个结构面。

（1）马兰黄土（L_1）的地层界面：马兰黄土具有强湿陷性的工程地质特性，对工程建设影响重大。

（2）古土壤（S_5）的地层界面：具有高黏粒含量和强稳定性，是重要隔水层和深部工程建设的重要目标层。

（3）黄土地层中两个特征的粉砂层（L_9 和 L_{15}）：具有高孔隙度和含水性，是黄土区重要的含水层。

（4）黄土与红黏土、红黏土与基岩面以及三门组等河湖相地层也是测区内关键的界面和重要的地质体，对含水层和砂矿等层位有重要的指示意义，也是三维结构调查中的重要内容之一。

二、调查方法

1. 地球物理勘查

地球物理勘查的目标是查明覆盖层关键界面起伏形态、基岩面起伏形态、地层沉积特征及断层构造等地下地质体信息。

黄土覆盖区地质填图面对的勘探对象相对单一，黄土覆盖层和下伏基岩物性差异明显，覆盖层内部由于不同地层单元物质、结构、含水性不同，物性也有差别，采用地球物理方法进行地质结构有效探测。

针对黄土覆盖区地球物理勘查的要求，结合不同探测方法分辨率差异，进行多种方法实验对比，结果显示电法的适用性较好，同时建议采用多方法组合探测。

浅部近地表探测建议采用地质雷达法，其对被薄层黄土披覆的基岩、湖相或红黏土地层界面有一定的指示作用，对于山坡披覆黄土薄层的揭露有辅助作用。

中浅部探测建议采用高密度电法和小回线瞬变电磁法、音频大地电磁法组合。该套组合方法互相补充，兼顾探测深度和分辨率，同时克服了电磁法浅部普遍存在探测盲区问题，对覆盖层中特征层位的识别有一定效果。

中深部探测建议以音频大地电磁法为主，大回线瞬变电磁法为补充，可对中深部地质体及下伏基岩面进行有效探测，同时对一定厚度的标志层也有所指示。

2. 钻探揭露

在收集相关钻孔和地球物理资料的基础上，结合地表调查，选择地层沉积完整连续的区域，结合地球物理勘查资料，设计开展钻探揭示和综合测井工作。揭露测区覆盖层各地质体界面、空间展布特征、基岩面深度等地质要素，并通过综合测井探明各填图单元间的物性特征，为地球物理的验证和解译提供辅助信息。

在钻孔揭示的过程中需要注意以下三个方面：设计深度与目标层、钻孔取心与样品采集；钻孔与实测剖面间的组合揭示。

1）钻探设计深度与目标层

在充分收集钻孔和物探资料的基础上，结合测区已开展的物探工作和黄土覆盖层特点，估算覆盖层厚度。设计钻孔深度要以揭穿上覆地层为基本前提，目标层应不仅包括覆盖层的主要地层单元，也应包括基岩面及基岩顶部地层。

2）钻孔取心与样品采集

黄土覆盖区钻探施工所取岩心，除用于获取地层结构外，常用于分析地层时代及古环境演化过程，这需要保证取心的连续性和完整性，大大增加了对钻探施工的要求。首先，覆盖层取心率应不低于90%，并进行严格的岩心地质编录。其次，结合地层分层情况，对岩心进行系统的样品采集，包括古地磁等测年样品、古环境分析、地球化学样品及土力学分析样品采集。终孔前，进行地球物理综合测井，获取钻孔地层的电阻率、密度、磁性、自然电位等物理参数，为测区地球物理勘查和解译提供依据。岩心数据结合地球物理综合测井资料，为三维地质结构建模提供准确的地层分层、岩性及属性数据。

3）联合剖面

通过塬面钻孔之间、塬面钻孔与塬面周缘实测剖面地层的对比和综合分析，借助磁化率变化、测井信息及地层界面建立联合剖面，为地球物理的地层推延和三维地质结构建模提供验证和数据支持。

三、三维地质建模

传统的区域地质调查信息的表达侧重于地表地质信息的平面展布特征，所传达的地质信息多为离散的二维平面的信息，难以满足信息时代地学空间分析需求。三维地质模型是指能定量表示地下地质特征和地质参数三维空间分布的数据体，在数字地质调查过程中，结合三维可视化，对地形、地层、褶皱、断裂、侵入体等地质现象进行直观刻画和拟合建模，直观展现工作区三维结构及属性。

在三维地质建模过程中，主要涉及地形地貌、遥感、地层、构造、钻孔、地球物理、路线调查、实测剖面等相关实测或解译数据。具体来说，为了刻画三维地质模型中的各类地质现象，需要的相关数据主要包括以下几类。

（1）地表地理信息数据。主要指地形、地理、遥感等在地表显示的信息。地形数据通常采用 DEM 来表达地表的三维形态，其内容为地表散点的三维坐标集合，根据所需分辨率不同，可通过下载、购置或者通过等高线等地形数据获取；地理数据是与地表面有关的属性信息，如水系、铁路、公路、湖泊、城市、居民地、土地覆盖等；遥感影像是地表最直观的影像表达，可选择合适分辨率的遥感影像通过三维映射来展示地表景观。

（2）地表地质调查数据。即野外地表调查数据，反映各地层及地质构造等现象在地表出露的情况，对于控制三维模型中地层在地表的分布状况起着至关重要的作用。主要指野外路线调查和实测剖面的数据，包括各种野外路线地质界线点、控制点、构造观测点及实测剖面等相关资料，剖面数据中必须包含横向比例尺、纵向比例尺、图例等信息，并对不同比例尺的剖面数据进行转换。对于地质构造信息或地层界线等数据需要赋予高程属性以提供三维空间定位。

（3）钻孔数据。钻孔数据是唯一直观准确揭露覆盖地层的资料，通过野外钻探及综合测井等手段获取，对于地质模型建模具有重要的标定作用，包括钻井编录数据及测井数据。钻孔数据必须包含钻孔编号、空间位置、孔口标高、终孔深度、分层信息及岩性等基本信息。测井数据依附于钻孔，并作为各分层及地球物理校正的重要参考，其空间位置和深度信息与钻孔相对应。

（4）地球物理勘探数据。常见的勘探方法主要有地震、电法、磁法、重力法等，从物探数据中进行地质解释可得到点位资料、层位划分及其属性。在建模中，物探数据和钻孔数据具有相同的作用，根据物性的差异提供地层划分及空间展布情况，使用这些数据可以更准确地表达地层面或断层面等地质信息。

（5）地质构造数据。地质构造表达了地层的断裂或错动等信息，是地质调查中构造格架的关键组成，在三维地质结构建模中，断层在地质模型中对于地质体生成、关系确定有重要的控制作用。因此，在建模过程中需要明确断层性质、产状及空间展布等信息。断层数据主要包括地表观测数据和剖面、钻孔、地球物理等得到的数据，结合位置信息，在三维空间中确定断层等构造面的空间展布。

（6）其他数据及资料。其他需要在模型中表达的区域地质调查过程所涉及数据包括地下水、地质灾害、地质矿产等。同时，建模区的勘探、科研报告包括各种项目汇报书、地质报告、专题研究报告等资料对模型建立具有重要的参考价值。

目前常用的三维地质建模软件有 MapGIS、ArcGIS、GoCAD、RMS、EVS 等，基于 MapGIS 的数字地质调查系统也已支持三维地质结构建模。不同的软件在操作和建模方式上存在一定差异，但基本流程均包含数据整理、构造建模、层面拟合和地质体建模等主要步骤。其中，数据整理指各类数据的空间信息整理及属性完善，原始数据需结合软件要求建立相应的数据集；在构造建模过程中，根据构造要素信息进行空间构造面拟合，确定与各地质体界面的相互关系，构建工作区构造面展布模型；界面拟合则包括各地质体信息的综合分类整理，基于工作区地层分层点集数据，结合构造面结构，进行层面拟合；在界面与构造面模型基础上，对各地质体进行三维体拟合，构建工作区三维体模型。

第五节　基岩地质调查

黄土覆盖区基岩地质调查除地表露头外，主要通过地球物理探测和钻探揭露方式进行。

覆盖区基岩地质调查对地球物理方法的基本要求是穿透覆盖层，揭露一定厚度的基岩。由于不同地区下伏基岩属性及构造展布复杂多样，有效物探方法组合应依据覆盖层类型、厚度和地层物性特征进行实验和选择。探测基岩面的物探方法组合应结合调查目标和要求进行筛选。

对于厚覆盖层下伏基岩面的地质填图，由于资料和条件限制，难以达到基岩裸露区地质填图的精度要求，因此，在工作中重点是对物性差异大的地质界面和主干构造等地质要素的控制。基岩地质结构调查方法组合概括于下。

1. 地表地质信息外延推断

充分利用黄土覆盖层沟谷区基岩露头的各种地质信息，结合追索的基岩界线，合理外延和推断覆盖层下伏基岩的组成和结构。

2. 物探方法

对于黄土覆盖区基岩面调查，地球物理勘查要达到以下目标：依据钻孔、剖面地层差异、基底与覆盖层物性差异和探测深度要求，选择物探方法手段；收集物探资料与开展物探施工相结合，编制基岩面埋深图和基岩面地质图。可能涉及的地球物理勘查方法包括磁法、重力法、高密度电法、瞬变电磁法、大地电磁测深、浅层地震、探地雷达等。地球物理方法的选择，需结合地质情况和探测目标来进行，对于基岩和构造复杂的区域，需综合考虑各类方法的可行性。对于本次方法实验所涉及的黄土厚覆盖区，由于覆盖层结构松散，质地相对均一，基岩面平缓起伏，构造简单，浅层地震、磁法、重力法等方法比较难以实现黄土覆盖层内部差异的识别，高密度电法、瞬变电磁法、音频大地电磁测深、探地雷达等对于探明覆盖层结构和重要界面的起伏情况，具有一定的适用性。

3. 钻孔岩心揭示

针对基岩面地质填图的钻探应该以抵达基岩面，获取基岩特征为主要目标。在钻孔实施中应该紧密结合地球物理勘查资料有目的地部署，同步开展覆盖层揭露、样品采集、综合测井等工作，尽可能获取较完整连续的钻孔岩心，使有限的钻探工作量获取的信息量达到最大化。

第六节　方法组合选择

在黄土覆盖区的野外填图施工过程中，首先根据测区黄土地貌类型及其分布划分子区，结合遥感解译、地形、地层分布特征，以沟谷为重点区域进行布线，以测区内出露黄土地层的分层、基岩、灾害、地形、构造地貌及生态调查为主要内容，开展路线地质详细调查。对黄土覆盖层及下伏基岩进行系统的路线调查，重点查明覆盖层类型、分布特点和地貌形态。

实测剖面以 1：500 第四纪剖面为主，分别查明各塬区地质体类型、厚度、成因、接触关系和分布范围。运用磁化率仪进行黄土地层细化分层，结合高精度 GPS 定位和激光测距，建立地层格架，查明地层层序及空间特征。

对于黄土覆盖区地球物理勘查目标而言，音频大地电磁法具有较好的探测效果，可以有效识别基岩面和红黏土顶面等重要界面，能起到辅助填图作用。针对浅表地质探查需求，可开展地质雷达、瞬变电磁法或者高密度电法，用以揭示浅部地层界面情况。

结合实测剖面和地球物理资料，选择黄土沉积稳定、完整连续，厚度大的区域布设标准地层取心孔，通过高取心率的钻探方法获取地层沉积序列及相关样品。通过测井分析，为地球物理方法提供标定和验证信息，也为三维地层的搭建提供可靠的地层框架。

第五章 综合整理与成果表达

第一节 资料整理及图件编制

调查资料按照区域地质调查相关要求进行系统整理，主要包括以下方面。

1. 原始资料整理

对所采集的各种地质、地球物理、地球化学和钻探等原始资料（文字记录数据、照片、图件和实物等）进行质量检查及综合整理，建立并完善各类数据库，核实野外调查、揭露工程、物探记录和素描图、照片、各类样品采集、测试分析等资料的吻合程度以及各种原始资料与实际材料图和各种成果性图件（如地质图、三维模型）的吻合程度。对部分原始资料与最终成果性图件及认识的不吻合现象需要做出批注和说明。

规范物化探、钻探等数据，进行地质解释，编制相关基础图件、成果图件，编写工作总结；整理分析揭露工程原始地质编录资料、各种样品测试鉴定资料和测井资料，编制钻孔柱状图；确定覆盖层标志层位，编制地质剖面图。

2. 实际材料图编绘

实际材料图是反映野外地质调查工作中所获实际资料的图件。覆盖区地质调查的实际资料来自地表路线地质调查、剖面实测、地球物理勘查、地球化学勘探、钻探、采样分析等一系列工作。

区域地质调查工作的实际材料图，主要以二维平面图形式表达地质观察点（线、面）、各种岩石和矿石样品的采集点、化石采集点及实测剖面等地质调查内容的位置和编号，以及主要地质界线及其他地质现象等。对于覆盖区的地质调查，实际材料图除了表达传统的地表区域地质调查的各种野外实际资料，还应表达为深部地质探测投入的地球物理勘查和钻探工作，包括物探工作的测网、测线和精度；钻探工作的分布、井深以及其他相关参数，并尽可能以柱状图形式反映钻井的基本结构。

覆盖区地质调查对深部结构的揭示，需广泛收集和利用前人资料，因此实际材料图也应对各类前人实际资料予以表达，以全面反映区域地质调查的成果和编图所用的实际素材。

3. 测试数据分析

样品分析测试工作贯穿填图全过程，对获取的数据进行综合研究和分析，充分挖掘和利用测试数据所揭示的地质信息。

4. 图件编制

综合地质、地球物理、钻探等野外调查和室内分析资料，基于 MapGIS 平台，完善各种地质图件编制。包括地表地质图、基岩面地质图、基岩面等深线图及其他各种专项图件。

第二节　数据库与三维结构

一、数字填图标准数据库

按照数字区域地质调查系统的要求，完善数字填图数据库，整理完善原始资料及数据库文件。

（1）检查并补充完善原始资料。包括野外路线、实测剖面资料、钻孔资料、样品采集与分析资料等。重点检查和完善各图幅的野外手图库、实际材料图库、采集日备份、背景图层，保证各数据的完整性、准确性和关联的一致性，对批注等内容进行检查和更新。

（2）检查数字地质调查空间数据库，包括野外手图、实际材料图、编稿原图和成果图空间数据库。重点检查各要素的对应关系、属性结构的完整性、拓扑关系的准确性等。

二、三维地质模型

工作区三维结构建模完成后，进行地层层序、构造面特征及接触关系验证，结合野外调查已知点及钻孔等数据对模型进行检验，以确保地层层序、沉积相等地质要素及属性的准确性。

三维地质模型的表达需结合地质结构和目标需求，从三维可视化表达的深度、精度、数据标准化与交互及成果表达等方面进行整理完善。

表达的深度与精度：需要结合工作区需求确定模型表达深度，确定三维表达深度，针对黄土覆盖区地层特征和构造情况，建议表达深度为 500 ～ 1000m，构造复杂区可根据需要调整。模型精度受工作区资料丰富程度、资料解释精度及建模方法等因素的影响，需要优选资料和建模方法以提高精度。不同深度也可存在精度差别，为了精细表达覆盖层地层状况，对覆盖层建模的垂向网格分辨率可达 5 ～ 10m，而在深部可根据数据精度和目标地质体差异适度放宽。

数据标准化与交互：在三维模型建模过程中，需对数据的空间位置及属性进行系统整理，按三维建模的规范要求对原始数据及建模过程中产生的数据进行梳理和标准化。完善各地质要素属性信息，为模型的信息交互及查询提供支持。

成果表达：可视化是建模的重要目的，三维地质模型可以全方位多角度地表达工作区地质结构，在图面表达上常通过截面、栅格切面、网格、等值线（面）、要素提取、突出显示等方式来直观展示各地质体的结构、属性及关系等信息。

第三节　成果表达与资料汇交

一、地质图编制

（1）最终地质图的编制，应在完成野外验收后有关补充工作的基础上进行编制，编制地质图所用资料应与各项原始资料和基础图件吻合一致，并正确处理好与周边邻幅的接图问题。

（2）地质图的编制要严格遵循比例尺由大到小的原则，编制地质图的原始资料为已完善的 1：25000 实际材料图数据库和相应的物、化、遥、钻成果数据。

（3）地质图的编制应按照《区域地质图图例（1：50000）》（GB 958—1999）和《地质图用色标准及用色原则（1：50000）》（DZ/T 0179—1997）中规定的图式、图例、符号、用色原则等进行表示；未涉及的部分可自行设计花纹符号。

（4）图面表示内容必须客观真实，区域地质调查中无论主观或客观原因造成研究程度上的差异，编图中应如实反映，不能人为掩盖客观存在的问题。

（5）附在 1：50000 地质图下方的图切剖面，应选在反映区域地质构造最为系统完整，地质和矿产现象最为丰富、最有代表性的部位进行切割。当一条剖面难以全面反映区域地质构造和区域矿产特征时，可另切辅助剖面，补充反映有关内容。

（6）图框外除表示地层综合柱状图、岩浆岩序列图、图例和图切剖面外，根据实际情况，可附反映图幅的技术方法组合、调查重点等有关图表内容，充分利用图面展示图幅技术方法、区域地质、矿产、环境等特点和研究程度。

二、成果报告编制

（1）单幅调查与多幅联测都应编写区域地质调查报告，区域地质调查报告按要求编写，封面格式应正规统一，并可根据调查的目的和重点增删相关内容。

（2）调查报告要客观地反映不同类型区的技术方法实施情况，并对实施结果进行评价；论述项目解决的基础地质、矿产及环境地质问题，要求内容全面翔实、论据充分、图文并茂。

三、数据库建设

（1）原始资料数据库内容包括预研究收集资料、野外调查路线和剖面、系列遥感解译图件和样品测试等数据。

（2）数据库包括成果图件和成果数据库。按中国地质调查局《地质图空间数据库建设工作指南》《数字地质图空间数据库标准（2006）》的要求，完善原始数据资料数据库（含实际材料图数据库）和成果图件空间数据库。

四、资料归档与汇交

（1）地质调查工作中形成的原始地质资料立卷归档按照《原始地质资料立卷归档规则》（DA/T 41—2008）要求执行。

（2）地质调查工作中形成的有重要价值的实物资料应向有关馆藏机构汇交，具体要求按照有关规定执行。

（3）成果地质资料一般包括区域地质调查报告、成果图件、成果数据库、原始资料数据库等。

（4）成果地质资料评审后应在 6 个月内按照《成果地质资料管理技术要求》（DD 2010—06）的要求进行汇交。

第六章　精度要求与人员组成建议

工作过程中严格执行《1 ： 50000 区域地质调查总则》、《数字区域地质调查技术要求（试行）》、《1 ： 50000 覆盖区区域地质调查工作指南（试行）》和《变质岩区 / 沉积岩区 / 花岗岩类区 1 ： 5 万区域地质填图方法指南》中对区调工作的要求、标准和规定。在项目运行中认真按要求进行多级质量检查。

一、填图精度要求

地表地质调查主要采用常规地质调查手段，在遥感解译的基础上，部署路线调查和实测剖面。填图精度与工作量的基本要求如下。

1. 地表地质调查

黄土覆盖区由于具有侵蚀切割强烈、沟壑纵横的地形地貌和黄土覆盖层在平坦地形面上沉积差异小的特点，地表地质调查具有一定的特殊性。

在一个测区开展野外调查工作时，首先应对图区的地貌进行简要分区，针对黄土塬墚区和沟谷区分别开展工作，对于沟谷选择 1 ～ 2 条路线，在塬面选择 1 条路线开展路线填图前期调研。选择地层出露完整的沟谷，进行剖面测制，获取测区地质体空间展布基本特征。路线布设时，以切割较深，地层完整，露头清晰的沟谷区为重点，以控制沟谷地层界线为目的设计路线数量，全面开展填图工作。对于塬面，根据覆盖区地表调查目标（生态或地化等）可适当放宽路线间距。

地质点的密度控制，由调查的地质体大小以及地质界线分布情况决定，应尽量控制在 1km 以内，尽可能既控制住界线，又能反映地质体特征及其空间关系。在野外实际填图中，地质点密度应依据地质界线及重要地质信息分布情况进行调整。在地层界线出露较好的沟谷，地质点的密度在合理表达地质信息的前提下，不受间距的限制。

构造地貌调查应以查明构造地貌发育的地层结构和展布规律为目标布置工作，对于河流阶地或台地而言，以查明阶地序列、确定各级阶地相互关系为关键。

野外填图的同时应及时连图，路线调查的野外工作应及时在手图中勾绘，完成后及时撰写路线小结，总结岩性变化规律，并开展自检互检工作。

2. 基岩地质调查

基岩地质调查在黄土区填图工作中与覆盖层调查同等重要，在野外工作中，充分调查基岩的岩性特征、地层特征、构造信息及古地理状况，调查基岩面埋深与起伏变化，结合钻探、地球物理等手段合理推测隐伏基岩特征。在精度上参照 1 ： 50000 区域地质调查的相关标准开展工作，以路线穿越及追索相结合的方式进行基岩调查，为测区提供准确的基岩状况、构造特征及基岩面展布等相关信息。

　　另外，在工作实践中，对于测区内与水资源、地质环境或重要地质问题关系密切的地层单元（如湖相地层）和构造地貌面等，针对性安排地质调查和研究工作，如剖面测制、钻探施工等。

二、人员组成建议

　　以四幅黄土区联测图幅为例，需要基本技术人员 19 人，专业结构和人员组成建议如下。

　　项目负责：地质学专业，1 人；

　　技术负责：第四纪地质学专业，1 人；

　　野外填图人员：第四纪地质学专业，2 组，每组 2 人，共 4 人；岩石学相关专业，1 组，2 人；构造地质学相关专业，1 组，2 人。

　　钻孔编录人员：地质学专业，2 组，每组 1 人，共 2 人；

　　遥感解译：遥感地质专业，1 人；

　　地表地质：地球化学类专业，2 人；

　　地球物理：地球物理专业，2 人；

　　数据库建设与三维模型构建：2 人。

第二部分　甘肃 1 ： 50000 大平等四幅黄土区填图实践

第七章 项 目 概 况

第一节 位置及区域地理

"甘肃 1 : 50000 大平（I48E002022）、西峰镇（I48E002023）、屯字镇（I48E003022）和肖金镇（I48E003023）四幅黄土区填图试点"子项目隶属于"特殊地区地质填图工程"之二级项目"特殊地质地貌区填图试点"，由中国地质科学院地质力学研究所负责实施，项目起止时间：2016 ～ 2018 年。

子项目工作区范围：107°15′ ～ 107°45′E，35°30′ ～ 35°50′N，行政区划上属于甘肃省庆阳地区（图 7-1），主要包括西峰区、镇原县大部分区域，此外还有宁县北端及庆城县南端各一小部分区域。测区为典型黄土地貌区，以黄土塬和黄土梁较为发育。工作区交通方便，高速公路青（岛）兰（州）线（G22）纵贯南北，省道 S303 和 S318 线横穿测区东西，构成"一纵两横"公路主骨架，沿河谷、黄土塬面多分布有乡村硬化道路，通车条件良好。庆阳机场属国内支线机场，在测区西峰幅内，位于庆阳市西峰区西北 5km 彭原乡李家寺村。

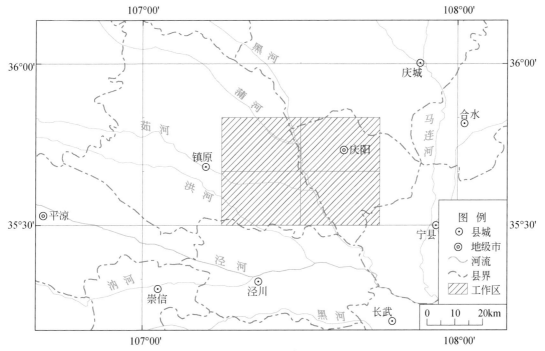

图 7-1 测区位置图

测区地处鄂尔多斯高原南部，位于黄土高原腹地，地势总体呈西北高东南低，海拔990～1450m。地貌上属典型的黄土高原沟壑区，黄土塬、墚发育，以董志、彭原两镇为中心的董志塬，塬面完整，地势平坦，是全国最大的黄土塬。测区内河流顺地势沿塬间河谷自西北向东南流动，共分布蒲河、洪河、黑河、交口河和茹河5条主要河流，黑河在测区北部汇入蒲河。

测区属内陆季风气候，冬季盛行西北风，夏季多行东南风，冬春季多风，夏秋季多雨。庆阳地区降水量380～620mm，区域上南多北少，降雨多集中在7～9月。气温南部高于北部，年平均气温9.5～10.7℃，无霜期140～180天。年日照2200～2540小时，太阳总辐射量125～145kcal[①]/m²，地面平均蒸发量为520mm，总体呈干旱、温和、光富的特点。

测区内居民以汉族为主，多居住于黄土塬面及河谷宽谷区，农业发达，测区能源产业发展兴旺，是重要的能源基地，整体经济基础较好。庆阳市为甘肃省最大的原油生产基地，已探明油气总储量40亿t，占鄂尔多斯盆地总资源量的41%，天然气预测资源量达1.36万亿m³，占鄂尔多斯盆地中生界煤层气总资源量的30%。庆阳煤炭资源已查明预测总储量2360亿t，占甘肃全省预测储量的94%，占鄂尔多斯盆地煤炭资源预测储量的11.8%，占全国煤炭资源预测储量的4.23%。同时该地区还有白云岩、石英砂等多种矿产资源。

第二节　目标及工作内容

充分收集黄土沉积及测区地质资料，综合运用地表地质调查、遥感、物探、化探和钻探等技术手段，采用数字填图方法，查明地层类型及三维结构特征；开展黄土覆盖区地貌、构造、环境、土壤侵蚀、地质灾害等内容的综合调查，分析各因子间的相关关系，探讨区域地质演化过程和规律；探索黄土覆盖区地质填图技术方法及成果表达，总结黄土覆盖区1：50000地质调查技术规范。

子项目主要工作内容为测制甘肃1：50000大平幅（I48E002022）、西峰镇幅（I48E002023）、屯字镇幅（I48E003022）和肖金镇幅（I48E003023）地质图件，撰写图幅说明书并构建数据库；遴选黄土覆盖区填图适用的技术手段和方法组合，编写黄土高原典型黄土区填图方法总结。

第三节　工 作 流 程

在全面收集测区各种地质、遥感、物化探、钻探资料的基础上，充分利用遥感影像

---

① 1kcal=4.184kJ。

（WorldView、SPOT、TM、ASTAR、GF 等）及数字高程模型（DEM），提取和识别地形地貌及地质构造信息，结合黄土沉积特点和测区的地质地貌条件，确定主要地貌单元和沉积分区，最大限度确定最优野外填图路线、关键地质点位置以及最优野外填图工作量。

根据测区不同地貌分区、地层特征和构造情况，通过详细地表地质调查，综合运用物探、化探、遥感等技术手段，采用数字填图方法，查明测区内地质体类型、分布、沉积结构特征；在不同沉积类型的典型分布区，选择地表露头或钻探工程采集样品，进行系统的年代学、沉积学及工程地质特性的研究，确定地层时代、结构、古环境演变过程及构造变形特征。调查工作区的地质灾害发育特征及地质背景；结合测区构造地貌调查，分析新构造运动特征；综合研究探讨黄土覆盖区生态环境、地貌发育、地质灾害与构造活动、古气候演化的过程、规律和相关关系；确定黄土覆盖区填图技术方法组合，创新黄土覆盖区填图思路和成果表达方式。调研国内外 1 ∶ 50000 地质填图方法和经验，参照《区域地质调查总则（1 ∶ 50000）》、《1 ∶ 50000 区域地质调查技术要求（暂行）》和《1 ∶ 50000 覆盖区区域地质调查工作指南（试行）》等有关技术要求，开展黄土覆盖区 1 ∶ 50000 地质调查工作，具体分为以下几个主要阶段。

1. 填图前准备阶段

资料收集与整理：系统收集测区地质调查、地层、地球物理、构造、水文地质、工程地质、钻探和地质灾害等方面的地质资料及相关研究成果。

工作程度：在归纳整理测区资料的基础上，编制工作程度图。

编制遥感解译图：针对测区地形地貌特点，充分收集中 - 高分辨率遥感数据、中 - 高分辨率数字高程模型等多种资料；重点进行中 - 高分辨率遥感解译（地貌、地层、灾害、水系、构造等），编制测区遥感解译图。

编制地质草图：利用区域地质调查成果资料，结合遥感解译，编制地质草图。

编制工作部署图：遥感解译图和地质草图相结合，针对测区地质地貌特点，合理部署调查路线和剖面、地球物理施工及钻探工程，编制工作部署图。

野外踏勘：依据工作部署图，选择代表性地质体及地貌单元进行野外踏勘工作。具体包括：验证遥感解译成果，确立地层、构造和地貌等相关要素的解译标志；优选并实测典型地层剖面，建立地层格架，确立填图单元。在野外踏勘的基础上，完善遥感解译地质图、地质草图，优化工作部署。

2. 野外填图施工阶段

选取交通条件便利，地层出露良好的区域开展地层、地貌调查；实测典型地层剖面建立基本地层格架，遴选和确定非标准填图单位，围绕重点工作区测制地层剖面；开展地层、地貌、生态、地质灾害调查等内容的详细路线地质调查。对重点工作区，开展钻探及地球物理勘查测线的布设与施工。在剖面测制过程中，系统采集地层标本、环境样品、土力学、土壤侵蚀样品，针对不同测年方法约束条件采集 AMS^{14}C、光释光和古地磁等测年样品，建立地层年代框架。

3. 室内整理阶段

室内整理与成图：对野外填图数据及记录进行整理和检查，结合地球物理解释推断及钻探资料，构建测区三维地质结构，编制相关地质图件，主要包括地质图、基岩地质图、地貌图、构造纲要图、土壤侵蚀及生态环境等专题图件。

室内分析与研究：根据地层、地貌、构造等区域地质特征，进行区域地质灾害、水文地质、工程地质、生态环境等方面内容的相关地质背景分析，总结适用于黄土覆盖区的填图方法。

第四节　实物工作量

甘肃 1：50000 大平（I48E002022）、西峰镇（I48E002023）、屯字镇（I48E003022）和肖金镇（I48E003023）四幅黄土区填图试点子项目实施过程，完成实物工作量包括：综合遥感解译 1614km²；测区地质调查 1614km²；钻探 1039.43m；测制剖面 17km；综合物探 768 点；各类年代学测试 1245 件；各类岩矿测试 5246 件。

各年度工作安排和完成的工作量情况如下：

（1）2016 年完成测区各类资料的收集和归纳整理；初步完成测区遥感解译 1000km²；确定测区主要地层单元及填图单位，重点完成大平幅（I48E002022）、屯字镇幅（I48E003022）600km² 的路线调查及 5km 剖面测制工作；开展调查区地质灾害、水土流失、生态环境等调查分析；开展电法等物探方法实验；完成 300m 进尺钻探施工；采集和测试样品 1800 块；建立和完善数字填图系统字典库。

（2）2017 年完成测区所有遥感解译及其验证；地质填图区域以西峰镇幅（I48E002023）和肖金镇幅（I48E003022）为主，完成 1：50000 地质调查面积 500km²，剖面测制 8km；完成区域内典型剖面样品采集及测试 1800 块；完成地质灾害及生态植被等的调查工作；完成大部分物探和钻探工作。

（3）2018 年完成所有 1：50000 地质填图 514km² 及剖面测制 2km；建立基于黄土覆盖区地层特征的三维地质模型，验证并完善土壤侵蚀模型，完成测区所有剩余样品测试。对各类数据进行综合整理和分析，补充工作，对实际材料图、地质草图及数据库进行完善；编制地质图及相关专题图件，编写地质图说明书和联测报告；整理和总结黄土区地质填图方法。

第五节　工作部署

基于测区黄土地貌发育的地形特征，厚层黄土覆盖及地层平缓的地质背景，工作区地质调查工作以建立三维地质结构为目标，以覆盖层为重点对象，以侵蚀区为主要区域，采用地表调查与深部探测施工相结合的调查手段开展工作。具体工作部署情况简介于下。

一、地表地质调查

1. 路线部署

基于黄土地貌特征，在详细遥感解译的基础上，以塬梁为单元，侵蚀区为重点进行部署；对不同成因类型地质体进行路线控制，加强沟谷区和黄土梁区的地层观测和调查，路线部署不需按标准间距和密度进行，而是结合地层实际特点展开目的性追索或穿越。特别关注侵蚀冲沟陡坎及宽谷的地质界线和地貌调查。

2. 实测剖面部署

选择覆盖层出露较好的地层剖面开展 1 : 500 比例尺实测，对基岩剖面及河谷横剖面开展 1 : 2000 ～ 1 : 1000 比例尺的实测剖面控制。通过系统分析测试剖面时代、环境指标等相关样品，约束地层时代，分析沉积特征、环境、古气候等信息。在覆盖层剖面的实测和对比中，充分利用黄土地层的磁化率等指标协助确定地层层序和时代。

二、地质结构调查

在工作区采用地球物理勘探与钻探揭露标定相结合进行覆盖层结构、基岩面岩性、基岩面形态及构造的识别和控制。

1. 地球物理工作部署

子项目对覆盖区地质调查基本目标任务除了常规的地表覆盖层填图外，还需调查和揭示基岩面以及覆盖层重要特征层等地质要素（如含水层、隔水层等）的三维结构，后两者均涉及深部探测和分析，需要借助地球物理手段。

在充分收集地质、物探资料的基础上，结合调查资料，选择典型塬（临泾塬）开展方法试验，开展音频大地电磁、高密度电法和瞬变电磁法三种方法测量效果和实用性对比工作，遴选物探方法组合。结合已知地质背景对物探资料进行综合分析、研究、推断解释，推断覆盖层内标志层、新近系、白垩系界面，寻找断层等构造迹象，为地质填图和三维地质结构建模提供基础资料。遴选物探方法组合。根据 2016 年地球物理方法实验结果，适用黄土覆盖区较为经济有效的方法是音频大地电磁法。针对庆阳市所在的董志塬地区部署音频大地电磁测深；同时，为查明断层及台地地层结构，在河谷及台地区域部署地球物理测线，为刻画基底起伏、基岩分布和断裂构造提供资料，也为地层重要界线的空间展布提供可靠约束。结合钻孔、测井及地表调查资料，对地球物理探测结果进行反演和校正，提供近地表一定深度范围内（500m 以浅）的地质结构资料。本次填图实践中，地球物理勘探工作以方法试验为基础，开展面积性部署，2016 年度在临泾塬布设高密度电法剖面 2 条（150 点），瞬变电磁法剖面 2 条（150 点），音频大地电磁剖面 2 条（150 点），开展联合探测实验，结合钻孔验证，进行方法对比分析；2017 年以董志塬为重点，开展音频大地电磁剖面 10 条（318 点）。

2. 钻探工作部署

钻探工作为黄土覆盖区的基岩填图和覆盖层地质结构提供准确的地质信息，同时，结合综合测井及岩心分析，为物探方法对不同地层的识别提供验证和标定。钻孔深度一般以达到基岩面为基本要求。

针对测区黄土覆盖层特点，共布设 4 个钻孔总进尺约 1030m 的钻探工作，为确立标准地层柱、探明覆盖层地层结构、查明基岩深度及性质、标定地球物理探测解译等提供支持。钻探工作部署总体遵循以下原则：①以基岩面为目标，以覆盖层结构揭示和基岩岩石构造标定为目的；②选择覆盖层地层结构完整的区域开展钻探；③结合地球物理勘探进行孔位选择，尽可能沿地球物理勘探剖面部署；④孔位选择需考虑地层的空间可对比性，结合实测剖面情况布设，为测区地层对比提供翔实信息。

三、年度工作部署

区域地质调查中，通常涉及地表地质调查、地球物理探测和钻探等多种手段的联合使用，需要分阶段有序推进。基本的部署原则是：地表地质调查和方法试验先行，钻探以剖面实测及地球物理勘探工作为基础，分区域部署。本项目具体部署情况如图 7-2 所示。在工作部署过程中，在保证基本原则的前提下，以临泾塬为试验区，以董志塬为重点工作区，

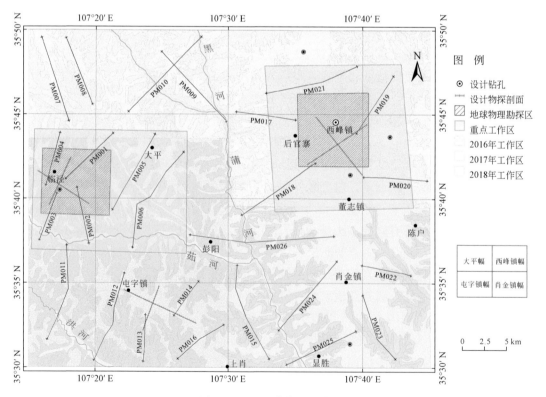

图 7-2 测区工作部署示意图

以塬外围沟谷为地表调查重点区域开展工作。在年度部署上，2016年围绕临泾塬开展物探方法试验及钻探施工，以测区西南部屯字镇幅为主体，以茹河河谷为调查重点，开展路线地质调查及剖面实测；2017年以董志塬北部为重点区域，在董志塬塬面、蒲河流域黄土台地开展物探及钻探施工，以西峰镇幅为主体，开展地表地质调查；2018年以肖金镇幅为主体开展地表地质调查工作。

第八章 区域地质

第一节 区域地层

庆阳测区所处的陇东盆地位于鄂尔多斯盆地的西南部，在构造背景上处于鄂尔多斯盆地西缘天环向斜的南段和伊陕斜坡的构造过渡地带，沉积环境属鄂尔多斯盆地西南缘冲积扇发育的三角洲前缘主体，地层平缓西倾，构造背景整体较为简单。

鄂尔多斯盆地地层由老至新由太古宇—古元古界结晶片岩、中-新元古界浅变质碎屑岩-碳酸盐岩及少量火山岩、寒武系—奥陶系碳酸盐岩和碎屑岩、石炭系—侏罗系含煤碎屑岩和白垩系碎屑岩及新生界松散堆积物组成。其基底由前长城系地层组成，除泥盆系、志留系等地层缺失外，其余年代地层均有分布。

陇东盆地为一白垩系盆地，中生界下二叠统、中三叠统和下侏罗统埋藏于白垩系之下，构成白垩系盆地的基底。前中生界地层仅在陇东盆地外围出露，主要在平凉以南的山区、环县西北部毛井、甜水堡等地。岩性主要有构成鄂尔多斯盆地基底的太古宇及古元古界的变质岩，其上覆中元古界长城系海陆交互相的砂页岩和火山岩组合、蓟县系，新元古界震旦系及下古生界寒武系、奥陶系的海相地层，盆地内缺失志留系、泥盆系，石炭系以深灰色-黑色泥页岩夹薄层砂岩和白云岩为主。其中二叠系、三叠系和侏罗系为陆相碎屑岩，是盆地石油、天然气和煤炭的主要储层。

测区综合地层分区属华北地层分区陕甘宁盆地分区（IV_3）的西南部和陕甘宁盆缘分区平凉-永寿（IV_2^4）小区的一部分。测区内地表出露的前新生代地层为下白垩统志丹群的陆相碎屑岩，岩性以中粗粒砂岩、粉砂岩、砂质泥岩为主，其厚度大、产状平缓、展布范围广。下白垩统志丹群与下伏安定组或其他地层不整合接触或假整合接触，其上覆新近系临夏组红黏土和第四系风成黄土及河湖相沉积地层。覆盖层厚度几十米至数百米不等，通常在 150～200m，最厚超过 250m。测区黄土覆盖层是在白垩系盆地原形基础上发育，因此区域地层从构成白垩系盆地基底的中生界开始介绍。

一、中生界

1. 三叠系（T）

三叠系为一套内陆河流、湖泊、沼泽相碎屑岩沉积建造，主要出露于盆地周边，与二叠系连续过渡。大面积出露在盆地东部黄河沿岸沟谷中，北部、西部、南部也有零星出露，在盆地内钻孔中皆可钻遇，厚度超过5000m。自下而上分为刘家沟组（T_1l）、二马营组（T_2e）、延长组（T_3y）和瓦窑堡组（T_3w）。

下统：测区周边原来1∶20万区域地质调查资料中称为刘家沟组（T_1l）和和尚沟组（T_1h）。原来的刘家沟组（T_1l）下部由深灰色、蓝灰色的泥岩、粉砂质泥岩及泥质粉砂岩夹细砂岩、泥灰岩组成。中、上部由紫灰色、灰绿色、灰黄色、深灰色中厚层块状细-粗粒长石砂岩夹蓝灰色泥质粉砂岩、粉砂质泥岩及多层不稳定的砾岩组成。和尚沟组（T_1h）由紫红色含粉砂质泥岩、泥岩与灰黄色块状中粗粒长石砂岩互层组成。陕西省麟游县杜水河剖面刘家沟组总厚344.16m。主要为一套河流相沉积，下部夹有海相地层。和尚沟组厚97.4m，为一套河湖相的沉积。本组泥质岩颜色鲜红，局部含灰质结核，砂质岩长石含量较多，且层面上普遍具有波痕。刘家沟组（T_1l）与孙家沟组（P_2s）均为平行不整合或轻微角度不整合接触。

中统：鄂尔多斯盆地通称为"二马营组"，测区周边1∶20万区域地质调查资料称为"纸坊组（T_2z）"。该组岩性分为上、下两部分，下部为灰绿色、黄绿色中层-块状中-粗粒长石砂岩夹紫红泥岩、细砂岩、偶夹砾岩透镜体。上部为紫红色、黄绿色、蓝灰色泥岩夹黄绿色、黄灰色粉细砂岩，上岩段夹块状中粗粒长石砂岩。陕西省麟游县澄水河—杜水河地层剖面总厚494.67m，属河流相和河湖相陆相碎屑岩建造。岩性比较稳定，横向变化不大。盆地北部一带厚度在500m左右，至南部厚度增至1700m左右，与下伏地层为平行不整合接触。

上统：鄂尔多斯盆地多用延长组（T_3y）和瓦窑堡组（T_3w）。测区周边的地质资料中，几经更改，1977年，地层表综合前人资料，将延长群划分为铜川组（T_3t）、胡家村组（T_3h）、永坪组（T_3y）和瓦窑堡组（T_3w）。前人资料表明，经追索证实，测区仅出露铜川组和瓦窑堡组。

铜川组岩性分为上、下两部。下部下岩段为灰黄色、黄绿色块状细粒长石砂岩夹少量泥岩、细砾岩透镜体。砂岩的单层下薄上厚，粒度下细上粗；中岩段为灰绿色、绿色、蓝灰色的泥岩、泥质粉砂岩夹细砂岩。偶夹砂质页岩、碳质泥岩、煤线及泥灰岩透镜体。顶夹灰黑色页岩；上岩段为灰绿色、灰黄色中-块状中粒长石砂岩夹泥质粉砂岩及砂岩。上部为灰绿色、黄绿色泥岩与泥质粉砂岩互层夹粉细砂岩及少量泥灰岩透镜体，产瓣鳃类及植物化石。铜川组上下两部共厚319.25m，属浅湖相发育的河湖相沉积。

瓦窑堡组岩性同样分为上、下两部：下部为灰黄色、黄绿色的泥岩、泥质粉砂岩夹粉细砂岩、碳质页岩及煤线、泥灰岩透镜体及铁质结核。产丰富的植物、瓣鳃类、介形类、叶肢介等化石。属湖相沼泽相沉积。上部为灰黄色、黄绿色的泥岩、粉砂质泥岩夹块状中细粒长石砂岩，下岩段伴以煤线及碳质泥岩。中上岩段含灰质结核及泥灰岩透镜体。瓦窑堡组总厚319m，属湖相为主的河湖沼泽相沉积。

2. 侏罗系（J）

侏罗系为一套河湖相碎屑岩夹煤层沉积，地表主要出露于东部，全盆地地下皆有发育，平行不整合于三叠系之上，厚度超过 2000m。分为下统富县组（J_1f），中统延安组（J_2y）、直罗组（J_2z）和安定组（J_2a），上统芬芳河组（J_3f）。

富县组（J_1f）：据陇东盆地内部钻孔资料分析，该组横向变化大，时有时无，时厚时薄。北部为黏土质泥岩，向南相变为砾岩、含砾砂岩；南部近盆缘为灰－褐灰色砂岩及紫红等杂色铝土质泥岩。属残积相及河漫滩亚相、冲洪积洼地沉积。富县组与下伏地层为不整合接触。

延安组（J_2y）：总体为一套含煤建造，镇原地区为河流－河沼相沉积，以泥岩夹砂岩、含砾砂岩及砂岩、页岩与泥岩不等厚互层，夹煤层或煤线。盆内据钻孔而知，仅在泾川—庆阳一线的西北和曳树庄有其沉积，钻孔显示岩性为河道亚相沉积，厚 83 ～ 105m 不等；仅在镇原井下有河漫亚相及沼泽亚相的沉积。

直罗组（J_2z）：岩性可细分为上下两部。下部下段为黄绿色块状中－粗粒长石砂岩，底部为砾岩，冲刷现象明显，含较多的铁化木植物树干；上段为灰绿色、紫红色的泥岩、粉砂岩。上部下段为黄灰色块状中－细粒长石砂岩，具冲刷现象，含泥砾及铁化木；上段为黄绿色、灰绿色、紫红色的泥岩、粉砂质泥岩夹粉、细砂岩，局部含较多的菱铁矿扁豆体。厚 139m。属半干旱气候条件下的河流相沉积。该组横向变化较大，在盆地内部由东到西增厚。

安定组（J_2a）：岩性为紫红色、灰紫色泥岩与泥灰岩、白云质泥灰岩互层，偶夹砾岩，下部为夹介壳灰岩、黑色页岩，中上部泥灰岩中含硅质团块。含介形虫、叶肢介等化石，厚约 39m，属干旱气候条件下的湖泊相沉积。该组东薄西厚，在沮水地区可见下白垩统洛河组直接覆于直罗组之上。

芬芳河组（J_3f）：岩性为棕红色、紫灰色块状巨砾岩夹细砾岩、砂砾岩，下部夹砂岩及泥质粉砂岩。砾岩砾石成分复杂，为花岗岩、片麻岩、石英岩、石英脉、灰岩等。呈浑圆状，定向排列，长轴与层理交角 20° 左右，砾径一般 20 ～ 30cm，最大达 1m，分选差，砂质充填胶结。属内陆盆地边缘山麓相堆积。厚度变化大，最厚达 1174.9m，向西至草碧河变薄以至缺失。

侏罗系是鄂尔多斯盆地和测区石油和煤炭的重要产层，其中在鄂尔多斯盆地北部形成的侏罗系煤田被誉为世界七大煤田之一，在局部煤层浅埋或裸露区，形成不稳定的厚 5 ～ 15m、最厚 50m 烧变岩，成为地下水入渗补给通道和含水层。

3. 白垩系（K）

区域内的白垩系地层最早由潘钟祥在陕北保安县（今志丹县）创立"保安系"一名。1977 年将其改为志丹群（K_1ZD）。志丹群内部分组多用 1948 年田在艺、张付淦及 1951 年张更、田在艺等划分的宜君层、洛河层、华池层、环河层、罗汉洞层和泾川层的六分和命名。环河组与华池层之分界各地不一，且在测区及周边分界不明显，为了便于对比和划分，常合称环河华池组（环华组）。

志丹群垂向上经历了两个大的沉积旋回：宜君组—洛河组和环华组组成下部沉积旋回，经历了由山麓相→辫状河→曲流河→风成沙漠至湖泊的演化过程；罗汉洞和泾川组构成上部沉积旋回，经历了由辫状河→曲流河→风成沙漠至残留湖泊的演化。鄂尔多斯盆地白垩系地层横向上总体向西、向北、向南超覆，陇东盆地为冲洪积扇相和辫状河相粗碎屑岩夹砂、泥岩沉积。晚白垩世的构造抬升造成上白垩统的缺失，表现为下白垩统泾川组和罗汉洞组地层向盆地内部缺失，其上为古近纪和新近纪地层所覆盖。

鄂尔多斯盆地白垩系仅保留有下白垩统，上白垩统缺失。测区内地表仅出露下白垩统环华组（K_1h）、罗汉洞组（K_1lh）和泾川组（K_1j）。

1）宜君组（K_1y）

宜君组主要由一套紫红色砾岩组成，属盆地边缘山麓相堆积。横向变化较大，至彬县一带为紫红色砾岩中夹巨型透镜体砂岩。砾石成分以石英岩、片岩、花岗岩为主，硅质灰岩、片麻岩、砂岩次之，砾径一般 1～10cm，最大 1m，分选差，典型剖面厚约 28m。

2）洛河组（K_1l）

洛河组为一套河流相的棕红色-紫红色发育巨型交错层的细-粗粒砂岩。彬县一带夹多层砾岩、含砾砂岩及泥页岩条带，厚约 236m。

3）环华组（K_1h）

环华组在陇东盆地由北向西南，由细变粗，由厚变薄，总之属河漫滩相为主的河湖相沉积。测区周边以泾河剖面为代表，厚约 348m，岩性为灰色、灰绿色、紫红色的泥质砂岩、粉砂岩与砂质泥岩、泥岩互层夹页岩、细砂岩（局部呈浅黄色），偶夹泥灰岩。

环华组在测区内分布比较局限，仅在测区中部巴家嘴水库大坝至马头坡大桥段蒲河两岸出露。测区出露的环华组为上部地层，岩性以黄色中细长石石英砂岩夹紫红色砂岩和薄层泥岩为主。顶部以一厚层黄色交错层理中砂岩层与上覆罗汉洞组分界明显，该层也是测区主要的砂矿开采层位。

4）罗汉洞组（K_1lh）

罗汉洞组命名地点在彬县罗汉洞一带，厚 215m；岩性为橘红色、棕红色、紫红色块状细-粗粒长石砂岩，泥质砂岩夹泥质粉砂岩、砂质泥岩、页岩，底部为土黄色砂岩夹少量细砾岩。陇东盆地内罗汉洞组北薄南厚，北细南粗，均属河流相堆积。该组岩性在全区比较稳定，以紫红色砂岩为主、交错层理发育为特征而明显有别于其他各组地层，可作为标志层在全区进行对比。

测区内罗汉洞组主要在蒲河、茹河、交口河、黑河、洪河河谷两侧及大型深切支沟沟口出露，常构成河流低阶地基座。岩性以紫红色-棕红色细、中、粗砂岩夹粉砂岩、薄层泥岩和页岩为主，底部以一层厚约 2m 的破碎紫红色砂质泥岩与环华组分界，顶部以一套黄色厚层中-细砂岩与泾川组明显分界。罗汉洞组紫红色-肉红色砂岩层也有少量作为砂矿层开采。测区内罗汉洞组地层被临夏组红黏土和第四系黄土覆盖，出露厚度仅有数米至数十米，最厚不超过 40m，未见完整的罗汉洞组沉积地层露头。

5）泾川组（K_1j）

泾川组建组地点在泾川县城附近，厚 135m。岩性分为上、下两部：下部为浅蓝灰色泥灰岩-砂质泥岩-粉细砂岩组成的韵律层，上部为紫红色泥岩、砂质泥岩夹泥质砂岩、砂岩，属湖相沉积。

测区内泾川组露头较少，仅在洪河大桥下游约 1km 东北侧支沟内少量出露。岩性以青灰色-灰白色泥灰岩为主，出露厚度约 6.5m。

二、新生界

陇东盆地的新生界地层主要包括新近系临夏组红黏土、上新统—下更新统三门组河湖相沉积层、第四系风成黄土、第四系河湖相沉积、全新统黑垆土和冲洪积物及次生黄土堆积。新生界地层是构成黄土塬的主体，不同地貌部位的新生界地层以不同的组合类型覆盖于白垩系基岩地层之上。

1. 新近系临夏组（N_2l）

临夏组系甘肃地质局第一区域地质测量大队 1965 年承担 1∶20 万临夏幅区调任务时，对临夏王家山等地获得标准化石、出露完整的一套上新世地层的命名，因测区上新世地层与"临夏组"层位相当，可以对比，本次调查沿用"临夏组"一名。该套地层在整个黄土高原地区广泛分布，通常称为"红黏土"，不整合上覆于下白垩统基岩基底地形之上，下伏于第四纪黄土地层之下，与第四纪风成黄土-古土壤序列共同组成了完整的晚新生代风成沉积序列。

红黏土地层以较鲜艳的深红色而区别于其上的午城黄土，黄土高原南部和东部剖面红黏土特征明显；测区红黏土与午城黄土的岩性特征较为相似，以颜色整体略深于午城黄土且表面风化后多呈破碎块状与之相区别。

测区的临夏组红黏土总体上分为两大段，上段为黄红色黏土质粉砂-粉砂（黄土）与棕红色黏土（古土壤）和钙质结核层互层沉积特征。黄土和古土壤层厚薄不一，从 20～30cm 到 2m 不等，个别达 5m 以上，钙质结核层一般仅厚约 20cm。黄土多呈现淡黄橙色，含零星钙质结核，部分层位有弱的团粒结构；古土壤层多为橙色-橙红色，团粒结构，虫孔和孔隙发育。下段为橙色致密块状土层与钙质结核互层，橙色土层多为弱团粒结构，黏粒胶膜时有发育。红黏土沉积结构与第四系黄土相似，亦呈现黄土和古土壤互层，但黄土古土壤层差异不明显，黄土层成壤强度高于第四系黄土，颜色为红黄色，黏土含量高。测区红黏土剖面中经常可看到河湖相沉积夹层存在，有些剖面上还可看到红黏土物质经流水改造的水平层理，甚至在红黏土中包含了少量的冲积砂等物质。在部分红黏土露头上，河湖相地层中常有哺乳动物化石。

临夏组地层多被第四系沉积物覆盖，在测区出露较少，仅在蒲河、茹河等各级河流两岸及塬边大的深切支沟沟口两侧近沟底出露，露头上临夏组地层厚度 2～3m 到 66m 不等，钻孔（临泾塬 ZK1）揭示红黏土最厚约 74m。临夏组厚度变化较大，主要与临夏组沉积的地貌部位有关，黄土塬由中心向边缘，红黏土厚度变薄，另外河流阶地上，临夏组受水流侵蚀，保留厚度随阶地级数的降低而变薄，直至完全侵蚀。从区域上看，对于大的黄土塬中间的原始临夏组红黏土层，厚度也有一定的变化，从本次调查中在塬面实施的 ZK1～ZK3 三个标准钻孔来看，临夏组有自西向东变薄的趋势。

前人通过磁性地层学方法对红黏土的时代进行了大量研究，结果表明，顶界年龄在M/G界线附近，但底界年龄存在区域差异，各地不一，多在5～8Ma B.P.。前人对测区及周边红黏土年代也开展了大量研究，主要有孙东怀（1997）对西峰以西16km的巴家嘴剖面红黏土层进行了详细的磁性地层工作，将其底界时代确定为6.6Ma B.P.，后有学者认为是6.9Ma B.P.；西峰以东20km赵家川剖面，厚50m，底界年龄约为7.6Ma B.P.（Sun et al.，1998）和约7.2Ma B.P.（安芷生，2000）。本次工作通过对测区ZK1钻孔红黏土地层系统的古地磁测试，确定其堆积的时代为6.0～2.58Ma B.P.。

2. 新近系—第四系三门组（Qp_1sm）

1918年丁文江将三门峡地区发育的一套早更新世含大泥蚌的河湖相沉积地层命名为"三门系"。1959年裴文中、黄万坡更称为"三门组"，相当于泥河湾期的第四纪堆积，以含有标准化石长鼻三趾马（Proboscidipparion）和真马（Equus）等为特征。测区内第四系黄土层之下，红黏土地层之上发育的一套河湖相地层，前期的地质调查资料中将其定义为早更新世的沉积，本次调查发现从成因到时代均可与三门组地层对比，因此，沿用了"三门组"命名，但对其时代进行了修订。

测区的三门组总体上分为两大段：下段为青灰色、灰白色粉砂质黏土层夹黄褐色–浅棕红色中细砂层；上段整体呈浅紫色粉砂质黏土与淡棕红色黏土质粉砂互层，含钙量较高。露头差异风化后呈现黏土层略突的波状起伏。

测区中三门组地层出露很少，仅在蒲河、茹河、交口河和洪河河谷两侧一定范围内出露。另从黄土塬中部实施的钻孔中，未揭露出三门组地层，由此初步确定，三门组呈条带状分布于河谷中，由河床向河谷两侧，三门组逐渐尖灭。该分布特征经ZK4钻孔验证。三门组地层下伏临夏组红黏土层，上覆第四系午城组黄土，出露厚度从数米至数十米不等。

前人对三门峡地区和渭河谷地三门组地层时代进行了大量研究，研究成果表明时代为5～0.15Ma B.P.（王书兵，2004）。本次工作中对阴面砂厂三门组地层剖面系统采集268组样品进行测试磁性地层研究，结合ZK4钻孔三门组上覆黄土地层的研究，结果确定测区的三门组形成于4.0～2.2Ma B.P.。

3. 第四系（Q）

第四系黄土层是测区覆盖层的主体，也是黄土覆盖区地质调查工作的主要目标体。在本次调查过程中，依据地层单元命名的继承性、特征的稳定性以及野外的可识别性，结合磁性地层学研究对测区第四系黄土地层框架及时代（图8-1）进行了厘定。磁性地层学研究结果表明测区黄土沉积起始时代约为2.6Ma B.P.。本次调查实测钻孔岩心磁极性柱中，B/M磁极性转换界线下，测得一段正磁极性，其原因系标准磁极性柱中的小事件并未标示出。近年对黄土高原多个典型黄土剖面磁性地层的研究结果也证实了L_9黄土层中该极性事件的存在（刘东生和安芷生，1984；岳乐平和薛祥煦，1996；Xiong et al.，2001；王喜生等，2005）。

测区第四系沉积物除风成黄土堆积外，局部可见一套上更新统的河湖相堆积（萨拉乌苏组Qp_3sl），此外，河谷河床两侧常断续发育有河流冲积物及沟谷中发育的次生黄土堆积（全新统冲洪积层Qh^{al}）。各地层特征分述于下。

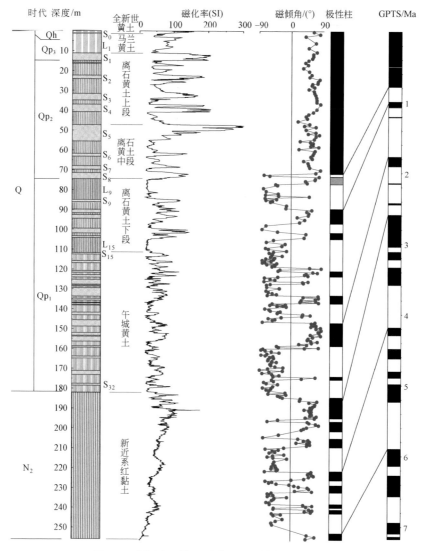

图 8-1　庆阳地区第四系黄土地层结构及其时代

1）午城组（Qp_1w）

午城黄土是 1962 年刘东生、张宗祜等对山西省隰县午城镇柳树沟内一套黄土的命名。岩性为红黄色，结构致密，呈块状，大孔隙少，粉砂为主，黏土含量高，夹数层红棕色、褐色埋藏古土壤，钙质结核成层分布，其时代定为早更新世。

测区午城组由一套密集的黄土和古土壤互层组成，古土壤为淡棕红色粉砂质黏土，黄土层为淡棕褐色黏土质粉砂；黄土和古土壤层厚度相对较薄，一般层厚不大于 2m，常含有大的钙质结核或都富集成团块状的钙质团块。下更新统午城组厚度 65～85m 不等，包含 18 个古土壤层和 18 个黄土层（L_{33}～S_{15}）。

测区的午城黄土和古土壤颜色差异不明显，且没有明显的钙质结核层，整体呈浅棕红色，黄土层和古土壤层颜色差异不明显，各层位不易区分。地层中钙质含量高，部分层位中含有大的钙质结核或钙质团块。黄土塬、梁和峁下部的午城组与下伏临夏组红黏土和上覆离石组黄土均呈整合接触。河流高阶地下的午城组地层不完整，通常不整合于三门组或红黏土地层上。临夏组地层黏土含量高，为致密的隔水层，午城组底部为重要的含水层，生活用水常取自该层位。

前人对黄土高原多个黄土剖面的底界年代（午城组起始年代）开展了大量的研究，1982 年测出洛川剖面 L_{33} 底部的绝对年龄为 2.48Ma B.P.（Harland et al.，1982），古地磁年龄值为 2.6Ma B.P.（Baksi et al.，1992），地球轨道调谐时间标尺中的年龄值为 2.49Ma B.P. 和 2.623Ma B.P.（鹿化煜和安芷生，1996；鹿化煜等，1998）。宝鸡剖面和西峰剖面 M/G 界线用不同方法测试出的年龄值范围在 2.48～2.6Ma B.P.（Harland et al.，1982；丁仲礼等，1989；孙玉兵等，2009）。本次调查中对 ZK1 钻孔岩心的古地磁测试表明，午城组开始于约 2.6Ma B.P.；午城组顶界的年龄，根据 ZK1、ZK2 和 ZK4 钻孔岩心古地磁结果，L_{15} 的顶面年龄大致在 1.49Ma B.P.，参照黄土地层的轨道调谐年龄，S_{15} 的顶为 1.22Ma B.P.。

2）离石组（$Qp_{1-2}l$）

"离石组"是 1962 年刘东生、张宗祜等对山西省离石县（现为吕梁市离石区）王家沟乡陈家崖中更新世黄土地层的命名。黄土层根据岩性分为上、下两部分：下部为黄色-浅黄色黄土状亚黏土，呈块状，较致密，质地均匀，不具层理，具大孔隙，层中含 14 条红色埋藏土壤层，厚44m，整合于午城黄土上；上部为灰黄色-黄色黄土，土质较松软，垂直节理发育，含 7 层较厚的古土壤，厚51.5m。离石黄土富含钙质结核，有时成层分布。根据测区离石组黄土和古土壤层的组合特征，充分考虑地层中 S_1、S_5 古土壤层，L_9 和 L_{15} 黄土层等特征层的岩性特征、地质特性和野外可识别性，本次调查中将离石黄土分为三段，S_8/L_9 作为离石黄土内部划分的一条新界线，S_1～L_5 划分为上离石黄土，S_5～S_8 划分为中离石黄土，L_9～L_{15} 划分为下离石黄土。

离石组下段：主体为密集的黄土和古土壤互层，古土壤为棕红色黏土，黄土层为灰黄色黏土质粉砂；离石组下段厚 30～40m，包含 7 个黄土层和 5 个古土壤层（L_{15}～L_9）。顶、底均为特征的灰黄色粉砂，即俗称的上粉砂层（L_9 黄土）和下粉砂层（L_{15} 黄土）。

L_{15} 和 L_9 黄土层岩性特征具有相似性，以含黏土较少、粉砂较多、颜色淡、厚度巨大区别于其他黄土与古土壤层，且均对应一次大的气候转型（Lu et al.，1999），野外工作中易从黄土-古土壤序列辨别出来。分别作为离石组黄土和午城组黄土及离石组下段和中段黄土划分的界线。

离石组中段：红色黏土和灰黄色粉砂互层，包含 4 个古土壤层（S_5～S_8，其中 S_5 和 S_6 为复合古土壤层）和 3 个黄土层（L_6～L_8），通常厚 25～30m。古土壤为棕红色或暗棕红色，成壤作用强，多呈破碎团粒状，团粒表面有铁锰膜和黏粒胶膜，多见白色钙质菌丝体或菌斑，古土壤层上部多含有不规则钙质结核。中段顶部以特征的"红三条"三条复合 S_5 古土壤层为界，底部以土壤化强烈的 S_8 古土壤层为界，野外较易识别。离石组中段顶部的 S_5 古土壤层因黏土含量高，具有很强的稳定性，同时该层为黄土塬区第一隔水层，其上地层是塬区第一含水层。S_5 是黄土地层的标志层，由三层古土壤复合而成，其间穿插含碳酸盐结核的黄土层，称之为"红三条"。L_5/S_5 界面是离石黄土中段与上段划分的标志，也是原离石黄土划分方案中上离石黄土和下离石黄土的界线。

离石组上段：离石组上段为清晰的棕红色黏土和灰黄色粉砂互层，包含 4 层古土壤层（S_1 ～ S_4）和 4 个黄土层（L_2 ～ L_5）。离石组上段一般厚 30 ～ 40m，各层厚度大，古土壤整体成壤作用强，多含有钙质结核和白色钙质菌丝，颜色较深；黄土厚度大，结构相对疏松，多见垂直节理。顶部的 S_1 古土壤层是黄土高原黄土地层中第一个棕褐色或红褐色古土壤层，团粒结构，弱 - 中等湿陷性，含钙质结核，是典型的多成因淋溶泥质古土壤。该层与上覆的马兰黄土的灰黄色粉砂在颜色和岩性特征上有明显的差别，是离石组上段与马兰组的界线。

离石组三段地层均为黄土古土壤互层，但在野外宏观上有较明显的差异，下段地层黄土古土壤层相对密集，与下伏午城黄土相比，黄土古土壤的颜色差异明显大于午城黄土，且古土壤层顶部多有钙质结核；离石组中段地层古土壤层颜色棕红，且古土壤层厚于黄土地层；离石组上段地层整体上黄土地层厚于古土壤层。

结合本次调查中对钻孔的磁性地层学工作，确定离石组下段形成于早更新世，为 1.22 ～ 0.78Ma；离石组中段形成于中更新世，为 0.78 ～ 0.52Ma；离石组上段形成于中更新世—晚更新世早期，为 0.52 ～ 0.079Ma B.P.。本次调查中，我们将 S_1 古土壤层划入了中更新统，从堆积时代讲，S_1 古土壤层形成于 140 ～ 79ka B.P.，时代应为晚更新世，考虑到填图工作中 S_1 的野外可识别性，结合离石组的传统认识，本项目中把离石组顶界划为中更新世 Qp_2，以便于表达和对比。

3）马兰组（Qp_3m）

"马兰组"系外国人安特生 1923 年在河北马兰台所创。标准剖面地点在北京市门头沟区斋堂川北山坡上。马兰黄土命名系 1962 年刘东生、张宗祜等在对第四系黄土的研究中，以清水河右岸有马兰阶地而命名此类黄土为马兰黄土。命名地马兰黄土为淡黄色 - 灰黄色亚砂土，质纯，疏松，大孔隙，垂直节理发育；近顶部夹一层灰褐色黑垆土型古土壤，下部夹一层棕褐色古土壤。

测区马兰黄土一般厚 8 ～ 14m，为灰黄色粉砂，中间夹杂有淡棕黄色黏土质粉砂层构成的弱古土壤层，偶有零星小钙结核，多见蜗牛壳。马兰组黄土以结构疏松，垂直节理发育，遇水有强烈的湿陷性为特征。马兰黄土是测区分布面积最广的地层，遍布黄土塬、梁、峁顶部，也常见于河流的二、三级阶地面上的覆盖层顶。马兰黄土常披覆于塬边及沟谷斜坡等地形面，不整合于一切老地层之上。

马兰组顶底分别为 L_1/S_0 界面和 S_1/L_1 界面，马兰黄土的时代由 S_1 古土壤结束时代和 S_0 古土壤开始堆积时代限定。综合已有研究成果，确定马兰组形成于晚更新世，为 79 ～ 11ka B.P.。

4）萨拉乌苏组（Qp_3sl）

萨拉乌苏组最早被桑志华和德日进称为"萨拉乌苏河建造"，1964 年裴文中、李有恒将其命名为"萨拉乌苏组"。原指分布于内蒙古乌审旗萨拉乌苏河、纳林川、悖牛川乌兰木伦河等地，常构成二、三级阶地的一套河湖相沉积，一直被定为华北晚更新世标准地层之一。

测区萨拉乌苏组岩性下部为灰黄色-淡黄绿色粉砂层，表面有光亮的黑色铁锰膜，层间夹有灰黑色黏土质粉砂条带，底部为砂砾层；上部为灰褐色、棕褐色粉砂质黏土-黏土层夹灰绿色、黄绿色粉砂层，层厚 0.1～0.2m。萨拉乌苏组在测区各河流河谷两侧均有断续分布，厚度一般多在 12～16m，最厚不超过 24m。萨拉乌苏组通常构成二、三级阶地下部河湖相沉积层，不整合于下白垩统基岩之上，其上常覆盖全新世 S_0 古土壤和部分马兰组黄土层。

本次调查中对茹河河谷双合村附近的萨拉乌苏组地层进行了详细的年代学研究，剖面上部覆盖 2.3m 厚的黄土地层，下部为 11.7m 的萨拉乌苏组。距萨拉乌苏组顶部 0.5m 和4.5m 处采集的光释光年代样品测试结果分别为 23.93ka B.P. 和 36.36ka B.P.。结合测区所测 T_3 阶地的最老时代为 69.48ka B.P.，综合推断测区萨拉乌苏组形成于 70～24ka B.P.。

4. 全新统（Qh）

测区全新统分布较广泛，包括风成堆积黑垆土（Qh^h）、冲洪积层（Qh^{al}）和次生黄土堆积等。除大面积分布于黄土塬顶的黑垆土和沿河谷（沟谷）分布的冲积层外，次生黄土分布零星。

1）全新统黑垆土（Qh^h）

黑垆土是风成黄土序列 S_0 古土壤层的俗称，厚度从几十厘米到 1.5m 不等，岩性为灰褐色黏土质粉砂-粉砂质黏土，疏松多孔，虫孔和根孔发育，底部常有白色钙质菌丝。黑垆土上部的地表现代耕作层通常厚约 0.5m，多植物根系发育。

测区黑垆土主要分布于大的黄土塬、梁顶面，另外在河流低阶地上覆黄土顶部也常有发育。综合黄土高原地区典型黄土剖面研究成果，确定黑垆土底界年代为距今约 11ka。

2）全新统冲洪积层（Qh^{al}）

测区冲洪积层主要是组成各河流和大的深切沟谷中的河漫滩和一、二级阶地堆积物，由冲积砂砾层和粉砂层及淤积黄土组成，厚度小于 12m。

冲洪积层主要沿各河流河床两侧和深大的冲切沟谷分布。河谷中的冲洪积物主要由砂砾石、亚砂土及淤积的次生黄土组成；宽大沟谷中的冲洪积物，主要是粉砂堆积，沟谷发育过程中沿沟壁侵蚀下来的黄土经搬运再次堆积。

3）次生黄土

次生黄土主要是原生黄土经侵蚀搬运，发生充分混合后再次堆积的黄土。除河流和沟谷中水流冲蚀淤积黄土外，还包括残积层、坡积层和滑坡堆积体。各类次生黄土除水流冲蚀的淤积黄土较常见外，其余类型分布零星。次生黄土主要在较大的冲沟沟底，靠近陡壁的平台顶面堆积。

第二节　构　　造

一、地质构造

测区所处大地构造位置属天环向斜近轴部东翼。天环向斜为鄂尔多斯盆地内轴向近南北的极不对称的箕状向斜，中生代以后，燕山运动致使区域大面积稳定上升，近乎水平的下白垩统地层遭受强烈剥蚀而准平原化，随后测区又复下沉，于下白垩统地层的大夷平面上，沉积了一套上新统和更新统地层。中生代地层整体西倾而产状平缓，而东侧形成南北向展布的一些宽缓的背斜，显示了盆地整体性构造特征及局部的构造形态。据《镇原幅、泾川幅、正宁幅 1 ： 20 万区域地质调查报告》资料，与测区相关的构造有巴家嘴穹窿状背斜、朝阳川穹窿状背斜、新集 - 镇原向斜和屯字镇王家沟断层，除巴家嘴穹窿状背斜位于测区中部，有明显地质现象依据外，其余三个均位于测区外。

巴家嘴穹窿状背斜：背斜核部位于西峰区西部蒲河中一带，两翼由下白垩统罗汉洞组（K_1lh）组成，东翼倾向 85° ～ 90°，倾角 3° ～ 5°，西翼倾向 265° ～ 270°，倾角 3° ～ 5°，轴部由下白垩统环华组（K_1h）组成，长轴轴向 355° ～ 360°，并向两端倾没，为一极其平缓的近于南北向的穹窿状背斜构造。该背斜为基岩背斜，因测区基岩出露厚度较薄，且因巴家嘴水库蓄水，大坝上游库区淤积掩埋河床两侧基岩，露头更为局限，且多在水库下游出露。其中环华组以北石窟寺附近出露厚度最大，沿河流南北向出露渐薄，罗汉洞组沿蒲河两侧均有出露。

朝阳川穹窿状背斜：位于巴家嘴背斜南部，两翼以下白垩统罗汉洞组（K_1lh）为主。东北翼倾向 70°，倾角 3° ～ 5°，西北翼倾向 250°，倾角 3° ～ 5°，轴部由下白垩统环华组（K_1h）组成，长轴长 0.8km，为平缓的北北西向穹窿状背斜。

新集 - 镇原向斜：从罗汉洞组、环华组底板等值线看，在新集至镇原县城一带，形成北东 40° 向斜，反映较为清楚。

屯字镇王家沟断层：该断层为一张性断层，发育于下白垩统砂岩中，断层沿北东 70° 方向，延伸约 6km。断层对白垩系地层影响不大，为局部发育的小断层。

测区地层平缓稳定，构造形迹发育较少，加上黄土覆盖及水库淤积的影响，露头欠佳，断层等构造形迹露头极少。测区内仅在巴家嘴水库下游约 3km 处蒲河西岸基岩中见到规模较小的正断层。该断层为一发育在下白垩统罗汉洞组砂岩中的张性断层，断层沿近东西 265° 方向延伸，断层面产状 175° ∠ 75°，岩层错断约 3.5m（图 8-2）。经大地激电测深实验证实，该断层近东西向穿过蒲河向东延伸，并被新生代地层覆盖。

图 8-2　邢家河滩断层示意图

二、新构造运动及地震

1. 新构造运动

新构造运动在测区的明显反映主要表现为第四纪以来的振荡性上升运动，流水的侵蚀作用加剧，沟谷深切、残塬缩小，形成了众多的沟谷和发育密集的水文网。河流侵蚀下切至白垩纪地层，河谷形成八级河流阶地。

2. 地震

测区位于鄂尔多斯西南缘地震带，测区西部据《中国地震烈度区划图》，地震烈度为Ⅶ度区，镇原县志记载的地震有 26 次（1092 年以来），有 6 次记载的地震灾害较大（1117年、1160 年、1622 年、1634 年、1709 年、1920 年），造成山崩地陷、房屋倒塌。测区东部地震活动相对稳定，活动断裂不发育，基本未发生 5 级以上的地震，测区地震主要为相邻区域地震波及。根据《中国地震动参数分区图》（2002），测区基本烈度为Ⅵ度。该区设计基本地震加速度值为 0.05g。1920 年 12 月 16 日夜，海原、固原发生大地震，震中烈度 12 度，这是波及测区最严重的一次地震。

第三节　地形地貌

一、地形特征

测区所在的庆阳地区位于黄土高原中部的陇东盆地。陇东盆地北靠羊圈山，东倚子午岭，西接六盘山，中南部低缓，东、西、北三面隆起，全境呈簸箕形状。受区域地形的控制，测区地形整体上西北高，东南低；区内几乎全被黄土覆盖，沟壑纵横，丘陵起伏，兼有高原、沟壑，黄土塬梁峁、河谷、平川、山峦、斜坡等地形地貌。基岩仅在大的河谷两侧谷坡底部及深切冲沟沟口附近有出露。

测区属于泾河流域，区内有蒲河、茹河、黑河、交口河和洪河 5 条河流。蒲河和洪河是区内的一级河流。蒲河自测区北部的关户入图区流向东南，在邵家阳山折向南流，过巴家嘴水库后，转向南东方向出图区。茹河和黑河是蒲河的支流，黑河自测区中部的雷家坪一带向南流至邵家阳山一带汇入蒲河。茹河在测区西侧中部偏南入图区，由西向东横穿屯字幅图区北部，与北石窟汇入蒲河。交口河自测区西北大平幅中部进入图区，流向为东南，于刘水家一带汇入茹河。洪河流经测区东南部屯字幅的西南。

测区大致以近南北流向的蒲河为界，东侧是较为平坦的董志塬分布区，西侧是残塬和梁、峁分布。测区地形切割深度最深 200 ～ 300m。

二、地貌特征

测区属于典型的黄土高原沟壑区，根据测区内的地形地貌特征，将测区划分为黄土塬、黄土梁、黄土峁、黄土台地、冲切沟和河谷地貌六类地貌类型区。

黄土塬和黄土梁是测区最主要的两类地貌类型，其次是冲切沟地貌和河谷地貌，黄土台地和黄土峁仅有少量零星分布于冲切沟地貌间。塬（梁）和沟谷（河谷）相间构成了测区基本的地形地貌形态特征。

1. 黄土塬

黄土塬为四周被沟谷侵蚀切割后残存的平整黄土平台，平面上呈花瓣状。塬面宽阔，塬中心倾角一般小于 3°，塬边以 3° ～ 8° 的坡度向周边缓倾，塬四周沟谷发育，溯源侵蚀强烈，切割深度为 120 ～ 300m，其中下游沟底较宽，白垩系常出露于深切沟谷底部和沟壁下部。测区的塬面多呈长条状，西北向东南缓倾。仅测区内就有董志塬、孟坝塬、王寨塬、太平塬、彭阳塬、临泾塬、屯字塬、西岭塬和上肖塬 9 个面积较大的塬面。

董志塬是测区中最大的塬，面积达 776km²，呈南北向展布于测区东部，庆阳市（西峰区）坐落于塬区北部。董志塬地势就塬面而言，平坦而完整，呈南北向展布，东西两侧为马莲河与蒲河的次一级支沟分割成的近东西向的条状残塬，塬面高程介于 1300 ～ 1455m 之间，处于塬中心的西峰镇，海拔为 1400m，总的地势是北高南低，塬面微向南东方向倾斜，地形坡度在 5.6‰～ 8.3‰，由塬中心向塬边方向，地形坡度由 10‰增大到 20‰以上。由于董志塬四周邻沟，塬面与沟床（沟底）高差在 120 ～ 300m，相对高差东南部显著大于西北部。

除董志塬外，其余的塬大小不一，多为残塬地貌，虽保留有塬面地貌形态，但塬整体呈条状分布，因侵蚀切割比较强烈，塬边多呈不规则状，比较大的如孟坝塬、屯字塬和临泾塬等。

2. 黄土梁和黄土峁

黄土梁是深切沟谷间保留的长条状黄土高地。梁顶宽几十米到几百米，呈鱼脊状往两侧沟谷微倾，坡度大小不等，大部分宽墚顶面较平，坡度较小；窄墚的坡度一般在 20°～30°。测区西侧太平和肖金镇两幅测区以此地貌为主，沟墚相间，墚以中长墚为主。黄土墚多呈长条形，呈北东和北西走向，墚长一般 1～3km，顶宽 100～450m，自墚脊向两侧倾斜。墚间水系发育，沟谷多呈"V"形，下游为"U"形。测区的黄土墚地貌主要分布在蒲河、茹河、交口河、黑河和洪河河谷两侧梳状分布的深切沟谷及其树枝状支沟的沟间区域，此外测区东部切向董志塬的深谷间也有分布。近塬边处的黄土墚顶面高度多和黄土塬面相近，支沟间的墚面多低于黄土塬面。

黄土峁系黄土墚继续侵蚀而成，呈圆形或椭圆形，峁顶呈穹形，宽 500～800m，长一般为 1000～1500m。两峁之间常成鞍状相连，相对高差 20～40m，水系发育密度较墚区为大，沟谷切割深度为 40～80m，相对高差达 100～250m。峁坡 15°～25°，密度为 2～2.5 条/km，沟道长度一般为 2～2.5km。墚峁的分布受现代水系控制，沟谷切割多嵌入基岩，由沟头向下游逐渐张开。

3. 黄土台地

黄土台地是塬边低于黄土塬面的一种平台状地貌，与塬面组成阶梯状，主要分布于塬边间隔较远的两个支沟间。测区主要分布于蒲河、茹河、黑河和交口河宽阔河段河谷两侧，屯字镇幅西南角的洪河河谷两侧和测区东缘的长冲沟两侧也有零星分布。

4. 冲切沟

冲切沟地貌常沿塬边呈放射状或梳状分布，主要系由洪水作用沿塬边向塬中心溯源侵蚀而成。沟谷大小不一，从形态上，由沟口向塬中心沟头方向切割深度逐渐变浅，宽度变窄，呈"V"形，下游为"U"形；近沟头处，以侵蚀作用为主，沟底部，有时会形成次生黄土淤积。冲切沟汇入各级河流的深切沟谷，主要沿河谷两侧呈"梳状"或"树枝状"分布，部分大的沟谷也发育二级以上的支沟。冲切沟地貌主要分布于西侧的大平和屯字镇幅的河谷两侧，董志塬东缘也有一系列深入塬面的冲切沟谷。冲切沟地貌系分隔各个黄土墚的沟谷部分，镶嵌于黄土墚间。

5. 河谷地貌

河谷地貌由河流的侵蚀和堆积作用形成，测区主要沿茹河、黑河、蒲河、交口河、洪河、齐家川、盖家川等河谷分布。河谷地貌通常由较平坦开阔谷底和两侧谷肩地貌组成。河谷一般宽 1～1.5km，发育有河床、河漫滩和低河流阶地等河流堆积物；谷肩主要由一系列台阶状分布的河流高阶地组成，阶地多沿河断续分布，下部为基岩或新近系红黏土地层组成的基座，基座上有河床相砂砾石层和漫滩相粉细砂堆积组成的二元结构，阶地面上覆厚度不等的黄土层。

第四节　黄土高原不同地貌区黄土覆盖层基本特征

黄土在我国有广泛的分布，从西北内陆到东部半岛，从东北平原到长江中下游地区，不同海拔和地貌部位均可见到黄土出露，其中以黄土高原地区黄土分布最广、地层最为连续、特征最为典型。我国的黄土不仅不同地区厚度和沉积特征明显不同，就连分布最为典型的黄土高原内部，也存在显著的空间差异。

根据黄土高原的地貌特征及自然地理条件，可分为黄土高原沟壑区、黄土丘陵沟壑区、土石山区、河谷平原区、农灌区和沙地沙漠区6个地貌类型区。其中，黄土高原沟壑区地形地貌特点是塬面广阔平坦、沟壑深切，水土流失比较严重，以沟蚀为主，沟壑内崩塌、陷穴、泻溜等重力侵蚀也比较严重；黄土丘陵沟壑区以峁状、梁状丘陵为主，沟壑纵横、地形破碎，以沟蚀和面蚀为主，植被盖度比较低；土石山区多为薄层黄土覆盖山地，植被条件较好，是黄土高原重要的水源涵养区，水土流失较轻；河谷平原区位于渭河、汾河等盆地或谷地，区域内地势低平，水土流失较轻，水量相对充足，黄土堆积于不同地貌面上，是重要的农业区和经济活动中心。农灌区主要为黄河流经的银川盆地和河套盆地，地势低洼，地表径流量大，地下水埋深较浅，黄土分布在盆地边缘及河流高阶地上。沙地沙漠区为典型的风沙地貌，主要包括毛乌素沙漠和库布齐沙漠，固定、半固定沙丘广泛分布。

"特殊地质地貌区填图试点"项目针对不同类型特殊地质地貌区设置了基础地质调查项目，涉及黄土层覆盖的有宁夏红寺堡、甘肃庆阳、陕西千阳和山西运城4个测区（图8-3）。其中，宁夏红寺堡测区位于黄土高原西北缘，主要发育马兰黄土，黄土覆盖层厚度一般小于30m；甘肃庆阳测区和陕西千阳测区位于黄土高原中部，庆阳测区属于典型的黄土厚覆盖区，黄土厚度多大于150m，地层结构完整稳定，黄土地貌发育；陕西千阳测区位于黄土高原沟壑区南部的盆山过渡带，沉积相变化明显，构造发育，黄土覆盖层厚度变化较大，较厚处达150m；山西运城测区属河谷平原区，在河谷两侧有黄土台塬发育，黄土覆盖层厚度多小于50m。根据各项目的调查成果报告，将各测区黄土覆盖层特征简介于下。

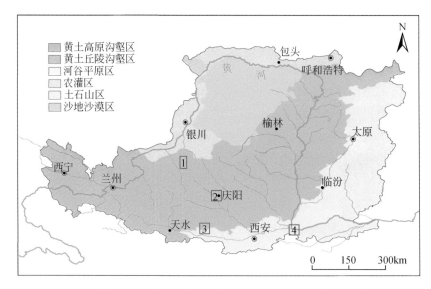

图 8-3　黄土高原不同地貌类型分区及基础调查项目位置示意图

1- 宁夏红寺堡测区；2- 甘肃庆阳测区；3- 陕西千阳测区；4- 山西运城测区

一、宁夏红寺堡地区

区域内黄土地层不完整，主要保留马兰黄土，以披覆方式广泛分布。除盆地内部，在测区东西两侧山地及沟谷中均有大面积出露，披覆于六盘山群、固原群、萨拉乌苏组等多套地层之上。其厚度在基岩山区较小，一般为0.5～5m；在窑山以东一般为1～20m，最厚可达30余米。

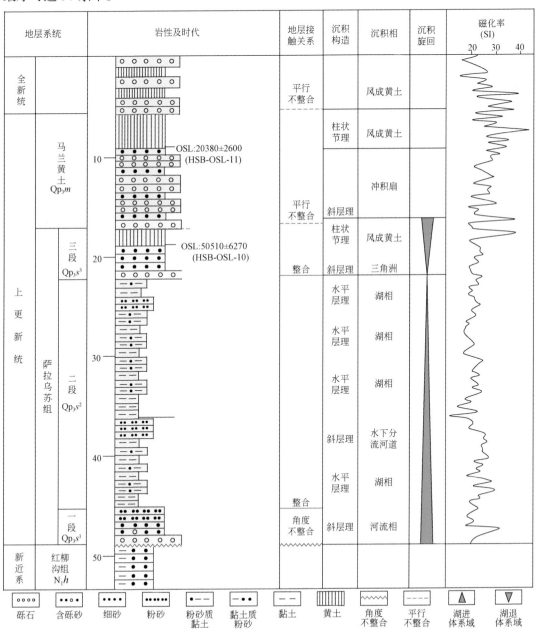

图 8-4 大罗山山前第四纪沉积序列

　　上更新统马兰黄土在红寺堡盆地主要出露于大罗山构造带西缘及烟筒山构造带东缘，柱状节理发育，无古土壤层，局部可以看到砾岩夹层。马兰黄土在区域上与萨拉乌苏组上部地层呈现明显的相变接触关系，在萨拉乌苏组下部旋回的顶部可以看到柱状节理发育的含砂质黏土（图 8-4）。

　　通过对大罗山造山带西缘第四纪地层剖面的系统调查，初步建立了青藏高原东北缘大罗山构造带西缘第四纪地层年代序列，澄清了萨拉乌苏组与马兰黄土的过渡关系，基本恢复了晚更新世以来该区古大湖的发展与消亡过程。在大罗山造山带西缘及烟筒山构造带东缘，上更新统地层主要包括萨拉乌苏组（Qp₃s）和马兰黄土（Qp₃m），从山前至沉积盆地区马兰黄土逐渐过渡为湖相层，由柱状节理逐渐过渡为水平层理（图 8-5）。萨拉乌苏组三段上部（Qp_3s^3）、水洞沟组（Qp_3sd）与马兰黄土（Qp_3m）之间为同时异相相变关系。

图 8-5　马兰黄土与水洞沟组相变过渡关系

二、甘肃庆阳测区

　　庆阳测区地处黄土高原西部，黄土覆盖层厚度大，地层完整连续，覆盖全区，发育典型黄土塬、梁、峁等地貌。区内第四系以风成堆积为主，另有少量河湖相沉积和冲洪积地层，主要包括下更新统午城组（Qp_1w）、离石组下段（Qp_1l^1）、中更新统离石组中段（Qp_2l^2）和上段（Qp_2l^3）、上更新统萨拉乌苏组（Qp_3s）、马兰组（Qp_3m）及全新统风成黄土（Qhh）和冲洪积层（Qh^{al}）。庆阳地区风成黄土地层由灰黄色黏土质粉砂（黄土）和棕红色粉砂质黏土-黏土（古土壤）互层构成（图 8-6），总厚度多大于 150m，黄土塬面钻孔揭露的黄土厚度达 182m，完整包含了 33 个黄土层和 33 个古土壤层。各黄土地层特征如下：

　　午城组（Qp_1w）为棕黄色-浅棕褐色粉砂-黏土质粉砂间夹多层棕红色粉砂质黏土-黏土及灰色-灰白色、灰褐色的钙质结核层，厚度 65～85m 不等，包括 L_{33} 黄土至 S_{15} 古土壤层。主要分布于黄土塬、梁、峁下部及河谷高阶地和塬边台地上覆黄土层的下部，在深切沟谷两侧沟壁下部出露。

　　离石组（$Qp_{1-2}l$）为黄色-浅黄色黄土状粉砂-黏土质粉砂黏土与棕红色黏土互层，黄土层呈块状，较致密，质地均匀，不具层理，具大孔隙。层中含 14 条红色埋藏土壤层。包含了 L_{15} 黄土至 S_1 古土壤间的黄土地层，充分考虑地层中 S_1、S_5 古土壤层，L_9 和 L_{15}

界	系	统	阶(组)	柱状图	岩性描述
新生界Cz	第四系Q	全新统Qh	黑垆土S₀Qhʰ		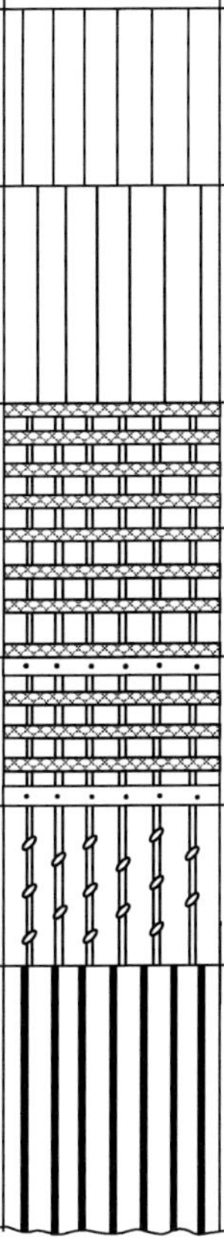 灰黄、浅褐红、灰黑色粉砂质黏土，水平分布最主要的耕作层
		上更新统Qp₃	马兰黄土L₁Qp₃m		灰黄色黏土质粉砂，疏松，水平及斜坡披覆状分布于黄土，垂直节理发育
		中更新统Qp₂	上离石黄土S₁~L₅Qp₂l³		灰黄色黄土与棕红色古土壤层，垂直节理，古土壤层明显
			中离石黄土S₅~S₈Qp₂l²		灰黄色黄土与棕红色古土壤层，垂直节理，顶部S₅古土壤层呈"红三条"
		下更新统Qp₁	下离石黄土L₉~L₁₅Qp₁l¹		顶、底为灰黄色粉砂质黄土，中部夹棕红色古土壤层
			午城黄土Qp₁w		淡褐红色-棕红色石质黄土，多见钙结核，局部成层
	新近系N	上新统N₂	红黏土（临夏组N₂l）		砖红色钙质黏土，近水平展布，多见钙结核，表层风化，块状破碎

图 8-6　庆阳测区新生界黄土地层柱状图

黄土层等特征层的岩性特征、地质特性和野外可识别性，将离石组黄土细分为三个组：$S_1 \sim L_5$ 为上离石黄土（Qp_2l^3），$S_5 \sim S_8$ 为中离石黄土（Qp_2l^2），$L_9 \sim L_{15}$ 为下离石黄土（Qp_1l^1）。

马兰组（Qp_3m）为灰黄色粉砂，中间夹杂有淡棕黄色黏土质粉砂层构成的弱古土壤层，偶见有零星小钙结核，结构疏松，垂直节理发育，遇水有强烈的湿陷性，厚 8 ～ 14m。遍布黄土塬、墚、峁顶部，也常见于河流的二、三级阶地层部。马兰黄土常披覆于塬边及沟谷的斜坡等各地形面上，披覆厚度 2 ～ 5m。

全新统风成黄土（Qh^h）为 S_0 古土壤层，也称黑垆土，主要分布于黄土塬、墚顶面。黑垆土厚度多小于 1.5m，岩性为灰褐色黏土质粉砂 - 粉砂质黏土，疏松多孔，虫孔和根孔发育，底部常有白色钙质菌丝，顶部为现代耕作层，多植物根系，厚约 0.5m，其底界年代为距今约 11ka。

三、陕西千阳测区

千阳测区风成黄土分布范围广，约占测区面积的 60%，常不整合于山地基岩或河湖相地层之上（图 8-7）。该区黄土具有沉积连续，特征明显，受古地理环境影响小，区域对比性强等特点。

图 8-7　石质低山区低缓山脊上堆积的黄土（姚家沟）

　　根据第四纪黄土的岩性、物质组成、颗粒级配、古土壤分布和岩相变化等标志，结合黄土地层划分习惯，沿用午城黄土（午城组）、离石黄土（离石组）、马兰黄土（马兰组）和全新统黄土的四分方案。

　　千阳地区第四系自下而上依次划分为下更新统冲洪积层（Qp_1^{apl}）和午城组（Qp_1w），下 - 中更新统离石组（$Qp_{1-2}l$）和中更新统冲洪积层（Qp_2^{apl}），上更新统冲洪积层（Qp_3^{apl}）和马兰组（Qp_3m），全新统风积黄土（Qh^{eol}）、冲洪积层（Qh_1^{apl}、Qh_2^{apl}）和残坡积层（Qh_2^{edl}）（表 8-1）。

表 8-1　千阳测区第四系划分一览表

地质年代			地貌分区					
			黄土台塬区		黄土墚峁区		河谷区	
第四纪 （Q）	全新统 （Qh）	晚期 （Qh₂）	风积黄土 （Qh^{eol}）	残坡积层 （Qh_2^{edl}）	冲洪积层 （Qh_2^{apl}）	残坡积层 （Qh_2^{edl}）	冲洪积层 （Qh_2^{apl}）	残坡积层 （Qh_2^{edl}）
		早期 （Qh₁）		冲洪积层 （Qh_1^{apl}）	冲洪积层 （Qh_1^{apl}）		冲洪积层 （Qh_1^{apl}）	
	更新世 （Qp）	晚期 （Qp₃）	马兰组（Qp_3m）		马兰组（Qp_3m）		马兰组（Qp_3m）	
					离石组（Qp_2l）		冲洪积层（Qp_3^{apl}）	
		中期 （Qp₂）	离石组 （$Qp_{1-2}l$）				离石组（Qp_2l）	
					冲洪积层（Qp_2^{apl}）		冲洪积层（Qp_2^{apl}）	
		早期 （Qp₁）	午城组（Qp_1w）		缺失		缺失	
			冲洪积层（Qp_1^{apl}）					

　　午城黄土（Qp_1w）分布在姚家沟幅西南部和凤翔幅南部的渭河盆地北岸黄土台塬区以及千阳幅南部的渭河盆地西端。钻探揭露，渭北黄土台塬区午城组发育最全，其中发育

18层古土壤（S_{15}～S_{32}）。午城组黄土颜色较深，多为浅棕色，结构致密而坚实，呈块状，大孔隙少，成分以粉砂为主，黏土含量高，钙质结核呈层状分布，厚40m。午城黄土地层，为较薄的古土壤夹较薄的黄土层。午城黄土与下伏湖相沉积或红黏土呈整合或不整合接触。

离石黄土（$Qp_{1-2}l$）广泛分布在渭北黄土台塬和河谷阶地区。主要由浅黄色黄土组成，夹有14层古土壤（S_1～L_{15}），为较厚的古土壤夹较厚的黄土层。黄土岩性为粉砂，其中粉砂含量为60%～70%，土质较坚硬，垂直节理和大孔隙发育，常见蜗牛壳和白色菌丝，局部可见褐黄色铁锈色斑点。古土壤岩性为红色黏土，致密，较坚硬，底部富含钙质结核，厚30～80m。

马兰黄土（Qp_3m）分布在黄土台塬塬面、河谷阶地顶面和黄土梁峁顶部。由风积L_1黄土组成，厚5～20m，其中夹1～2层弱发育的古土壤层。黄土岩性主要由粉质土和少量黏土组成，淡黄色，块状层理，发育垂直节理和大孔隙，常见蜗牛壳、植物根系及白色菌丝体。

全新世黄土（Qh^{eol}）主要为风积粉砂土，断续分布，其中发育一层灰褐色古土壤S_0，团粒状结构，虫孔、根孔特别发育，白色钙质菌丝和薄膜发育，与下伏L_1黄土呈过渡关系，一般厚度为1～2m。

四、山西运城测区

运城测区第四系覆盖严重，天然露头较少。测区内的黄土地层主要分布于上郭幅内的峨眉台地，黄土台塬冲沟发育，在冲沟侧壁可见离石组、马兰组黄土地层，多受水流扰动。

离石组出露于黄土冲沟的中、下部，垂直节理较发育，常形成陡峭的黄土冲沟、坍陷、落水洞等微地貌景观。其上多被马兰（黄土）组平行或倾斜披覆；其下常平行不整合覆盖于河湖相堆积之上。在上郭幅孤山、稷王山前可以观察到较为连续的黄土序列。以S_5三个连续的古土壤序列为标志，部分冲沟中向下可见L_6地层。地层倾角较缓，总体上表现为向山前披覆沉积特征（图8-8）。

图8-8　运城测区离石黄土S_5与S_2古土壤层

第九章　地表地质地貌调查

第一节　填图目标

　　充分收集黄土研究成果及测区地质资料，在系统踏勘的基础上，对测区地层及填图单元进行厘定；结合测区地质地貌条件，以沟谷露头为重点，以塬墚为单元，开展地层三维结构调查，路线以穿越出露地层界线为主要布设方式，记录各沟谷地层地貌情况；选择地层出露较好的位置开展大比例尺覆盖层剖面测制工作，以厘定不同区域地层特征、空间展布和接触关系为主要目的，根据黄土地层黄土－古土壤层磁化率规律变化特性，辅以高精度 GPS 和激光测距仪进行高程校正，进行剖面地层的分层及区域对比；采用数字填图方法，查明地层类型及三维结构特征，为覆盖区三维地层结构提供准确的地表数据信息；在进行地表地层调查的同时，在路线上开展环境地质、地貌、构造、灾害地质及水文地质等相关调查，为区域水文工程和环境地质背景提供基础数据支持。

第二节　方法选择及效果

一、遥感应用

　　遥感数据可以从空中以高度浓缩的视角集中显示丰富的地物信息，对指导地质填图工作意义重大。首先是遥感数据源的选取及获取，数据源的选择基于研究区的地质地貌特征、目标任务及研究经费情况，以解决地质问题和最佳性价比为原则，来确定遥感数据源时相及类型。

　　各种岩石矿物在不同谱段具有不同的特征光谱，谱段的宽窄、范围对目标地质体的识别效果不同，区域地质调查中应用的光谱主要为 $0.38 \sim 2.5\mu m$ 的可见光－短波红外段和 $7.0 \sim 15.0\mu m$ 热红外光谱段。现今主流中高分辨率卫星数据如 TM/ETM+、SPOT、CBERS、GF 等，其光谱范围均可不同程度地识别地质目标，其中以 TM/ETM+ 和 SPOT 较为常用。高分辨率商业影像如 QuickBird、WorldView、IKONOS 数据光谱分辨率可达半米级，影像上地物单元可解译性极高，但价格不菲。此外，还可根据实际研究需要购买 ASTER 热红外数据、高光谱数据（Hyperion）、雷达数据等用于与水、热、矿物蚀变有关的专题信息提取。几种典型遥感卫星数据参数如表 9-1 所示。

表 9-1 测区所用遥感卫星数据参数

传感器	工作波段及波段数	空间分辨率 /m	光谱分辨率 /nm	成像模式（单景）	地质应用特点
TM	可见光 - 近红外（6 个）	30	70～200	185km×185km	区域大构造宏观分析
	热红外（1 个）	120	2000		
ETM+	可见光 - 近红外（6 个）	15~30	70～200	185km×185km	线性、环状影像及部分地层解译
	热红外 1 个	60	2000		
SPOT-6	全色 1 个	1.5	300	60km×60km	作物识别、沉积物解译
	多光谱 4 个	6	60～130		
WorldView-2	全色 1 个	0.5	350	16.4km×16.4km	遥感地质解译
	多光谱 8 个	1.8	40～180		

根据测区地质地貌特征，确定本次地质调查的遥感数据源类型：在整个测区使用的 SPOT-6 数据（空间分辨率 1.5m），结合 ETM+/TM 数据（空间分辨率 15m）开展全区遥感地质解译；重点研究区使用 WorldView-2 数据（空间分辨率 0.5m）进行重要地质现象的重点解译。测区购置的遥感影像数据源如图 9-1 所示。

图 9-1 测区遥感影像数据源

此外，在整个遥感地质工作中还运用了地理信息数据（1：5 万 DLG）、DEM 数据（15m、30m 和 90m 分辨率）和地质图件类（1：20 万区域地质图、水文地质图等）。在三维模块中将遥感影像叠加于 DEM 表面，得到研究区地表立体模型，以辅助遥感解译。

设计编写阶段的遥感解译。充分收集、利用前人资料，认真分析研究测区地质情况，利用合成的卫星图像进行宏观分析，选择不同影像区域与已有资料进行对比分析，划分出测区遥感地质可解译程度区块，熟悉调查区各种地层、构造在图像上的解译标志，进行工作区地质单元的初步解译，编制遥感影像图和遥感地质解译草图，作为后续工作的基础。

根据测区所处地理位置及地表覆盖程度情况，对各种正式、非正式填图单位的分布、岩性进行划分及确定，并详细分析影像构造特点。对线性影像的延伸、分叉、复合、穿插、交切等构造特点及与毗邻地区线性影像的相互关系等进行解译确认后，按其地质属性分类、命名及划分等级；根据遥感影像上阴影、色调、纹理、大小、形状（线、环、斑、块）等影像特征，建立较为完善的解译标志，识别并圈定基岩、地层、地貌单元（如阶地、台地、黄土梁）、地质灾害（如滑坡、泥石流）等地质体界线。

由于黄土地貌的特殊性，覆盖层的地层界线多位于沟谷陡壁，地层处于水平展布状态，沟谷区域多为植被覆盖，通过遥感影像难以对覆盖层进行细化分层，但对河谷中的基岩及红黏土等有一定的指示意义。同时，遥感解译对于黄土区地质灾害和地貌调查具有明显的作用，可为区域地表填图提供环境地质背景，也为区域构造分析提供了更多信息。

二、地表路线地质调查

地表填图以地层时代与地貌特征相结合进行综合调查，路线布设以切向塬中间的冲沟沟壁和长梁两侧的陡壁为重点，以覆盖层为主要对象，结合测区覆盖层近水平展布特征，以各地层单元的界线为重点观察目标。

根据测区主要发育黄土塬、黄土梁峁、沟壑和沟谷谷地三类地貌形态，结合黄土披覆于不同地貌面的沉积特征，实际工作中，将测区分为黄土塬梁和黄土沟谷两类地区开展地表路线地质调查工作。其中黄土塬梁区包括黄土塬及其周边延伸的黄土长梁；黄土沟谷包括塬梁峁间的沟谷和河谷谷地。黄土塬梁区地层相对简单，具有水平展布特征，以整合和平行不整合接触为主；而黄土沟谷区，沉积地层类型多样，接触关系复杂，不同地质体的地层序列及形成时代差别明显。

在测区路线调查中，以标志层为重点目标对覆盖层进行调查，黄土地层中的马兰黄土（L_1）位于顶部，厚 8 ～ 14m，其典型特征为质地均一、结构疏松、颜色较浅，底部下伏古土壤层（S_1）顶面为界；离石黄土上段以 S_5 底面为界，表现为三个深红色复合古土壤条，多出露于冲沟陡壁，易于识别，其位置距顶面约 45m，其野外地层结构如图 9-2 所示。

离石黄土中段，则以典型的砂黄土（上粉砂层 L_9）为标志层，其特征为灰白色厚层砂质黄土，通常出露于冲沟下部。离石黄土下段与午城黄土则以 L_{15} 底部为分界，L_{15} 为黄土中的第二粉砂层，其特征为灰白色中厚层砂质黄土。砂黄土具有大孔隙和粗颗粒特征，含水量较高，在冲沟沟头易见地下水排出。

黄土与红黏土的地层界线多在山坡坡脚或深沟下部出露，其中红黏土颜色深红，黏粒含量较高，多在坡脚与上部披覆黄土呈不整合接触，下部多与白垩系砂岩不整合接触。

由于黄土高原侵蚀地貌发育，黄土覆盖层中各地层界线多出露于深切冲沟陡壁，且地层展布相对稳定，因此，在冲沟陡深难以穿越的区域，可以酌情采取遥测方式进行定点和分层。具体的遥测方法为选择冲沟侧壁视野开阔的位置，观察对面或旁侧露头较好的陡壁，

图 9-2　黄土覆盖层野外地层结构示例

以 GPS 定位所处位置，结合地层延展特征，配合激光测距仪确定所观察分层界线高程和方位，佐以照片和描述，确定遥测目标点的位置及地层特征。该方法可以协助确定直线距离 500m 以内分层明确但难以抵达的界线，能有效提高沟头陡坎地层调查的效率和安全性，如图 9-3 所示。

图 9-3　路线调查中的遥测示例

　　通过对冲沟等重点区域的路线地质调查，能有效确定所穿越的地层界线及其展布情况，对黄土覆盖区地层情况的调查和填图具有很好的效果。对于基岩界线和分层，则以沟谷底部及宽谷两侧为重点区域，结合追索法进行基岩地层的圈定。同时在路线调查过程中对地质灾害、典型地貌、生态环境等进行调查，能形成综合的路线调查成果，为测区地层三维结构建模和地质背景分析提供数据支持。

黄土沟谷区路线以横切沟谷两侧地貌体、垂直于沟谷走向布设，工作以沟谷两侧的地层地貌为重点，以发育的地质体为主要对象，重点观察各地层沉积结构、空间展布接触关系，同时查明不同地貌单元的地层序列。

三、地层剖面实测

黄土覆盖区的地层结构相对稳定，地层剖面测制主要针对塬墚区的覆盖层（黄土及红黏土地层），多在冲沟陡壁选取出露较好、地层连续的剖面进行。在剖面测制过程中，首先运用差分 GPS 进行剖面准确定位，在常规地层剖面测制方法的基础上，充分利用激光测距仪测量坡度和距离等特征，以此来确定各地层界面的位置；对新鲜面观察记录，辅以垂直短剖面揭露进行地层对接，借助磁化率仪进行地层精细划分。对标准地层剖面借助磁化率辅助分层，不仅能有效区分黄土与古土壤，进行精细分层，同时能通过磁化率信息反映地层的沉积环境变化，并与标准地层剖面的磁化率对比，协助确定其形式时代。以采用上述方法测制多个精细分层的剖面为基础，通过剖面地层对比，依据区域地层变化特征重建沉积环境演化过程。以 PM013、PM014、PM015、PM017 剖面地层对比为例（图 9-4），可以分辨不同区域沉积过程的差异。

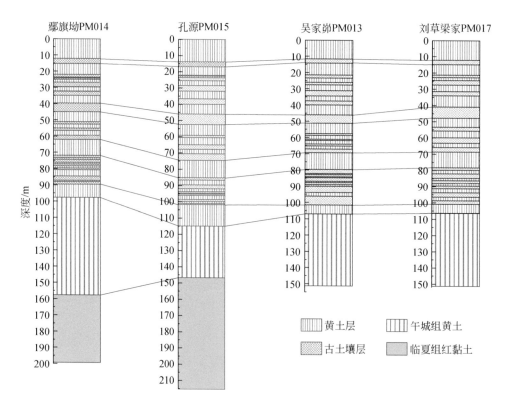

图 9-4 测区实测剖面对比

四、构造地貌调查

在测区遥感解译的基础上，将遥感验证及地貌调查穿插于野外路线调查过程，对宽度大于50m的地貌单元进行地貌界线定位和描述。在测区工作过程中，以河谷为地貌调查重点区，对河流阶地进行系统的调查分析，为区域构造运动期次提供支撑。

在填图过程中对测区主要水系的典型断面进行构造地貌的详细调查，并采集年代样品。调查中以拔河高程为主要对比参考，通过不同河谷断面的实测分析，调查测区各河流发育的主要阶地级数、沉积结构和空间展布，建立测区内河流阶地序列。

在测区选择了6个河段开展工作，位置如图9-5所示，分别为黑河流域雷家坪河段①、蒲河流域北部关户川河段②、中部巴家嘴水库下游段③、南部青寨—白纸坊河段④、交口河流域张家湾河段⑤、茹河彭阳河段⑥。

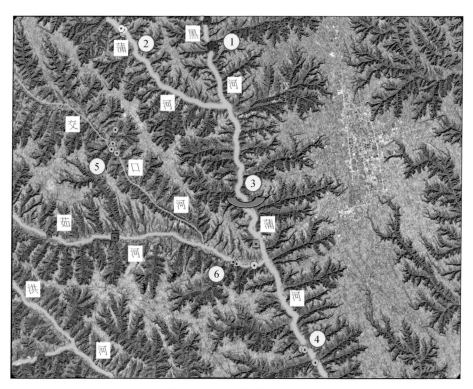

图9-5 测区主要水系及河谷调查断面示意图

通过系统划分和对比，确定了测区河流发育8级阶地（图9-6）。对低阶地（$T_1 \sim T_3$）以光释光及 ^{14}C 测年结果为时代依据，而高阶地（$T_4 \sim T_8$）则结合上覆黄土地层的沉积时代限定其时间框架（图9-7），通过对测区多个阶地序列的测试分析，确定了测区8级阶地形成的时代为4～6ka B.P.、11～24ka B.P.、40～70ka B.P.、约0.15Ma B.P.、0.60Ma B.P.、0.90Ma B.P.、1.20Ma B.P. 和2.16Ma B.P.。8级阶地的发育，对应了测区8个主要的构造地貌演化阶段。

图 9-6　河流典型阶地面示例

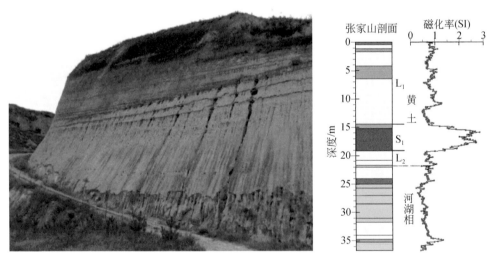

图 9-7　上覆黄土确定 T₄ 阶地时代示例

第十章 基 岩 面

第一节 调查目标

测区基岩面上覆完整的第四系黄土 - 古土壤沉积序列和上新统临夏组红黏土地层。因此，第四系、上新统红黏土和基岩三者共同构成了本次填图工作的主要目标地质体。在填图过程中对基岩面的调查填绘主要包括地表调查和下伏基岩面调查，其中地表调查以沟谷为重点，调查露头基岩岩性及界线出露情况；下伏基岩面调查则结合物探及钻探揭露，表达基岩面岩性、空间形态和地质结构。

对于黄土覆盖区基岩面地质填图，由于上覆黄土层厚度大，岩性松散而且物性差异小，不利于地震波的传播，影响了下伏基岩的探测精度，仅限于对基岩面的埋深和起伏及主干断裂构造进行初步控制。

第二节 调查方法与应用效果

一、调查方法

1. 顺深切沟谷追索法

黄土覆盖区地貌具有侵蚀切割强烈的特征，测区河谷两侧和塬面周围发育一些深切的沟谷，河床两侧及深切沟谷沟口附近常切穿第四系黄土，出露临夏组红黏土或基岩地层。沿深切沟谷露头追索，结合地貌特征，可合理外延和推断覆盖层下伏基岩的物质组成和地质结构。

测区基岩与覆盖层之间主要存在两种地质结构关系，一是河谷及大的沟谷两侧系列阶地或台地上，表现为河边（沟边）向两侧由低到高，由不同结构的阶地（台地）上覆厚度不等的黄土；二是大面积广泛分布的塬面上，大致呈现"三明治"的结构，仅基岩面上和完整的第四系黄土间夹临夏组红黏土。河谷（沟谷）区需基于露头的详细调查追索，分析各阶地（台地）的沉积结构和地质属性，并利用露头信息顺构造走向外延到覆盖区。塬面下则应充分利用地球物理探测结果，结合钻探工作，合理推断第四纪下伏的红黏土及基岩的物质和构造属性。

2. 钻孔岩心揭示

针对基岩面地质填图的钻探施工应该以钻进至基岩面为设计目标。测区基岩面最大埋深不超过 260m，因此，在填图实践中分别在塬面典型覆盖区和沉积结构不明确的高阶地（台地）面上布设钻进孔深至基岩面的钻孔，标定沉积地层，揭示基岩地质特征，为物探资料的解释推断提供依据。

3. 地球物理探测

测区基岩面上覆盖有第四系黄土和临夏组红黏土两套地层，塬面下基岩埋深由上覆第四系黄土厚度（通常小于 180m）和临夏组红黏土厚度（厚者达 65～80m）限定，一般在 260m 以内；而河谷（沟谷）台地区埋深则从数米至上百米不等，通常阶地级数由低到高，下覆基岩埋深越深。另外，由于测区位于鄂尔多斯盆地西南缘，构造稳定，覆盖层下伏基岩以近水平的下白垩统砂岩为主，岩性差异小，厚度大且未受大的构造活动改造。因此，测区基岩的地质填图主要有两方面内容：一是对基岩面埋深及展布情况的填绘；二是对一些仅有局部露头出露，主体被覆盖的构造形迹存在与否及延伸情况的确定。

针对测区黄土覆盖层及基岩地质结构特点，综合考虑成本和适用条件等因素，利用地质雷达对斜坡披覆及低阶地（台地）结构进行了探测；利用音频大地电磁测深约束了塬面第四系黄土覆盖层下临夏组红黏土界面及下白垩统砂岩面埋深及起伏；利用大地激电测深约束基岩断裂的展布。

二、应用及效果

1. 深切沟谷追索法

1）基岩面岩性及构造推断

根据沿河谷（沟谷）基岩露头地表地质追索调查结果，自巴家嘴水库大坝向南，直至马家坡大桥以北，蒲河河谷两侧底部出露环华组（K_1h）褐黄色 - 淡黄绿色中粗砂岩，以北石窟寺茹河河口附近出露最好，与上覆罗汉洞组（K_1lh）整合接触；罗汉洞组（K_1lh）在测区分布最广，主体为紫红色 - 褐红色砂岩，在深切沟谷底部偶有出露，茹河、蒲河等河谷两岸则连续出露；泾川组（K_1j）主体为青灰色泥岩，测区内仅在西南角的洪河支沟底部零星出露，整合覆盖于罗汉洞组（K_1lh）之上。

以测区蒲河河谷巴家嘴段为界，东西两侧基岩出露情况及地层产状具有一定的缓倾背斜的特征，测区露头主体为下白垩统罗汉洞组（K_1lh），东翼倾向 85°～90°，倾角 3°～5°，西翼倾向 265°～270°，倾角 3°～5°，轴部出露下白垩统环河华池组（K_1h），长轴轴向为 355°～360°，并向南北两侧倾没。

2）上新世—早更新世湖相沉积

通过对测区河流两侧阶地结构进行追索发现，在蒲河巴家嘴水库下游约 1km 处河流西岸、马家坡大桥小湾、青寨一带，交口河下交口河桥西侧桥头、张家湾，茹河包家庄村、阴面砂厂至茹河河口，洪河支流猴子山对岸、屯字镇岘子村一带，在临夏组红黏土与第四系黄土间均发育有厚度不等的湖相沉积地层。其中以茹河河口一带厚度最大，以灰绿色 - 黄绿色粉砂质黏土、黄褐色中 - 细砂、淡棕红色钙质胶结黏土质粉砂为主；至洪河一带，则以灰褐色含砾中 - 粗砂与黄褐色粉细砂互层为主。从分布范围看，该湖相层仅分布于河谷中，并未延伸至塬面第四系黄土层下，据此推断，在上新世晚期至早更新世，沿测区现代河谷曾发育古湖。

2. 钻孔揭示

为查明测区大面积塬面上覆盖层的沉积结构和特征，探查基岩面地质结构和起伏特征，在地表地质调查和地球物理信息探测约束的基岩面地质结构和基岩面起伏的基础上，我们设计施工了 4 个钻孔（图 10-1），总进尺 1039.43m。

图 10-1　测区钻孔位置示意图

ZK1 孔位于测区西侧的临泾塬近中部，ZK2 孔和 ZK3 孔位于测区东侧的董志塬北部和中部，ZK1 ～ ZK3 三个孔均位于塬面上，目的是查明基岩面上覆盖层的地层层序和沉积特征，约束下伏基岩岩性和埋深等地质特征。三个孔的布设兼顾了探查黄土和红黏土空间的变化规律。ZK4 孔位于西岭石崖塬茹河阶地上，目的是探查阶地沉积结构，约束基岩面和三门组湖相沉积范围。因此，四个钻孔均以钻穿基岩面为目标层。各钻孔设计深度和实际进尺见表 10-1。

从表 10-1 中可以看出，四个钻孔均钻穿了上覆第四系和新近系覆盖层，并钻取了部分下伏白垩系基岩，约束了基岩面的深度和基岩岩性。其中 ZK1 ～ ZK3 孔揭示了第四系黄土地层、新近系临夏组的沉积厚度及空间变化特征，为黄土覆盖区覆盖层三维结构的建立及物探资料揭示覆盖层地质结构的解释推断提供了基础资料；ZK4 钻孔揭示了阶地的沉积结构，约束了阶地基座红黏土和上覆黄土地层及三门组的厚度，查明了高阶地类型及结构，也为三门组地层的分布提供依据。

表 10-1　测区钻探工作基本信息一览表

钻孔编号	钻探目的	设计深度 /m	钻进深度 /m	关键界面深度
ZK1	揭示第四系、新近系厚度、基岩面顶面和岩性	300	301.33	第四系底面 182.1m 临夏组底面 255.8m
ZK2	揭示第四系、新近系厚度、基岩面顶面和岩性	300	306.39	第四系底面 173.7m 临夏组底面 219.0m
ZK3	揭示第四系、新近系厚度、基岩面顶面和岩性	300	247.22	第四系底面 180m 临夏组底面 220m
ZK4	揭示阶地沉积结构, 探测三门组沉积厚度及基岩面顶面和岩性	120	184.49	第四系底面 122m 三门组底面 160m 临夏组底面 180m

3. 地球物理探测

开展地球物理探测的前提是测区内不同地层之间存在较为明显的电性差异, 测区内出露的地层主要包括下白垩统、新近系红黏土、三门组湖相沉积、第四系黄土 (午城组、离石组、马兰组)、次生黄土及冲洪积物等。其中, 马兰黄土岩性为风积的黏土质粉砂 - 粉砂, 结构疏松, 垂直节理发育, 有大孔隙, 具强湿陷性, 表现出相对高阻特性; 离石黄土上段, 较厚层粉砂 - 黏土质粉砂夹多层古土壤和钙质结核层, 结构松散, 垂直节理发育, 电阻率相对马兰黄土较低; 离石黄土下段, 顶、底为灰黄色粉砂质黄土, 中部夹较明显棕红色古土壤层, 垂直节理, 是重要的含水层, 因此, 电阻率相对于离石黄土上段更低; 午城黄土, 呈浅红褐色, 成分以粉质黏土、黏土为主, 土质均匀, 较密实, 夹有密集型古土壤条带, 钙质富集常成团块形式出现, 同为较重要的含水层, 电阻率相对较低; 新近系红黏土, 为棕红色粉砂质黏土, 含数层钙质结核或钙质黏土质粉砂层, 致密坚硬, 固结程度较高, 有少量节理, 为重要隔水层, 电阻率与午城黄土相差很小, 与午城黄土相比, 地层间岩性差异小; 罗汉洞组, 相对上覆的黄土层和黏土层, 电阻率较高。测区相邻各组地层间均有一定的电性差异, 因此, 工作区具备利用电法探测地质构造的地球物理前提。

地球物理探测工作结合测区黄土塬墚区和沟谷谷地区地形地貌特征, 根据不同分区探测目的进行。黄土塬墚区, 以查明黄土覆盖层主要类型、厚度及基岩面埋深和展布特征为目的, 主要探测大的沉积界面。而沟谷谷地区, 以探测不同地质体的空间展布和接触关系为主要目的, 主要探测不同类型地层界面和不同地质体的接触面。基于不同目的, 选择不同的布设方法, 黄土堆积区勘探线的布设以贯穿塬面或由中心至塬边缘为原则, 采用了网格或十字线型布设; 而黄土沟谷区的河谷, 勘探线垂直河流, 沿一侧谷坡或横切河谷, 穿越主要地貌体布设。

1)探地雷达

探地雷达原理是通过发射一定频率电磁波, 电磁波遇到具有物性 (密度、电性、磁性) 差异的地下介质分界面反射回仪器, 依靠分析接收到的电磁波波形、振幅强度和时间的变化等特征, 对地下介质空间位置、形态和埋深进行无损探测。因此, 探测效果主要取决于地下目标体与周围介质的密度、电性、磁性差异, 电磁波的衰减程度、目标体的埋深以及外部干扰的强弱等。目标体与介质间的物性差异越大, 二者的界面越清晰。探地雷达方法的应用一般有多种频率选择，工作频率越低探测深度越大。

探地雷达方法在浅覆盖区可探测覆盖层沉积物结构、基岩、金属矿化带、蚀变带、断裂构造、地下水分布及岩溶等。在黄土覆盖区，主要用于探测第四系黄土中特征的标志层面、不同地质体界面、基岩及断层面。由于黄土沉积粒度较粗，结构疏松，含水性差，通常应用探地雷达在黄土覆盖区探测深度小于 50m 的目标体，且覆盖层与下伏地质体界面间有明显的物性差异。

本次调查中，利用探地雷达分别对工作区内马兰黄土与临夏组红黏土界面、黄土与河湖相沉积层界面、塬面黄土覆盖层中标志层及临夏组红黏土顶底界面、基岩面等关键地质界面、基岩断层面进行了实验探测。结果显示，探地雷达在探测塬边或斜坡上披覆的马兰黄土或次生黄土覆盖层的精细结构及下伏沉积物界面、低阶地的沉积结构两个方面取得了很好的应用效果。

（1）韩家山红黏土界面与上覆马兰黄土结构探测。

董志塬西侧冲沟底部出露临夏组红黏土，沿斜坡披覆马兰黄土，为验证探地雷达对剖面结构探测的效果，选择剖面结构露头清晰的韩家山剖面进行了探测。以人工背负方式，采用 RTA50Hz 超强耦合天线开展探测实验，探测效果与实际剖面对比如图 10-2 所示。

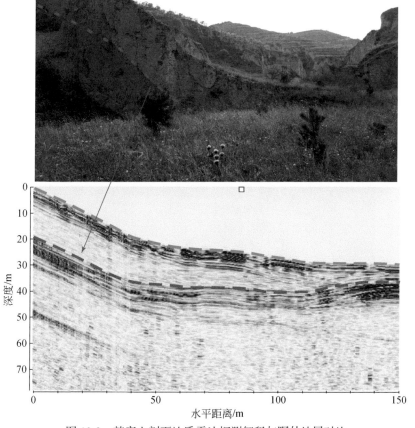

图 10-2 韩家山剖面地质雷达探测解释与野外地层对比

探测实验路线沿坡底向坡顶探测，距露头陡坎边界约 8m。图中上部虚线为地表线，下部虚线为披覆马兰黄土与红黏土的界面。

（2）彭阳剖面阶地结构探测。

彭阳剖面为茹河 T_4 阶地，基座为下白垩统罗汉洞组砂岩，顶部拔河约 7m，其上为河湖相沉积层，顶覆黄土古土壤层厚约 15m。野外采用 RTA50Hz 超强耦合天线，开展了往返式验证实验，测试采用人工背负方式。

地质雷达探测结果（图 10-3）经过滤波等处理后，信号显示 13～15m 为密集条带，可能对应于阶地上覆黄土层中 S_1 古土壤层。地质雷达信号显示 34m 左右的界面，可能对应于河湖相沉积层与下白垩统砂岩界面。

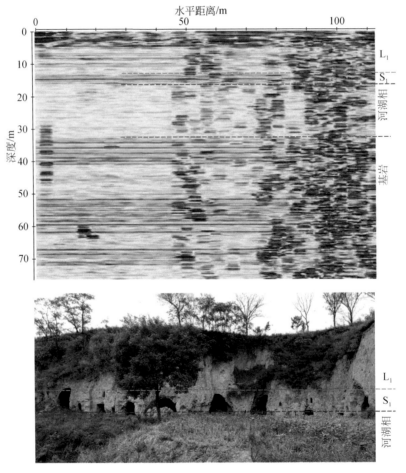

图 10-3　彭阳阶地雷达探测解译与野外地层特征对比

2）高密度电法

野外在测区西部临泾塬上，以 ZK1 钻孔为中心，沿东西和南北布设了两条"十"字形测线，施工过程使用 E60DN 三维精细高密度电法仪，在正式工作前进行了仪器校验等工作，仪器性能满足观测精度，符合设计要求，可以投入使用。

高密度电法剖面布设，点距10m，用RTK进行布设。根据设计坐标将测点布测到实地，并采集实测坐标数据，自端点始，每10m放一个点，至另一端结束，并用木桩系红布条进行标记，红布条上注明测线及测点编号。

实验过程中仪器采用程控方式进行数据的采集和电极控制，具有分档滤波功能，可有效压制地电干扰，提高信噪比。高密度电法工作完成剖面2条，实测150点，质量检查75点。对南北剖面全部进行了重复观测，占总点数（150点）的50%，经计算视电阻率总均方误差2.4%，符合规范和设计要求（小于5%）。

由高密度电法东西（图10-4）和南北（图10-5）两条剖面成果图看出，高密度电法对浅部地层分辨率较高，大致反映了各黄土层的分布，其中0～15m的低阻层反映了马兰组黄土；15～40m的电阻率变化的梯级带反映了离石组上段黄土，50m以下分辨率相对较低。

3）瞬变电磁法

野外在测区西部临泾塬上，以ZK1钻孔为中心，按"十"字形方式沿东西和南北布设了两条瞬变电磁法测线。测量仪器及测试参数等具体工作方法如下。

测量仪器为美国Zonge公司产GDP32。测量采用中心回线方法，供电线框大小根据现场试验，为了达到200m的勘探深度，使用T_x边长=200m，接收TEM探头（Rx）采用TEM-7K瞬变电磁探头，等效面积设为40800m²。

野外观测及工作参数如下：发射波形为双极性方波；发射基频为32Hz；最大发射电流为16A；发射功率为30kW；关断时间为210μs；叠加次数为记录多次数据，每次叠加3次；延时窗口为28个。

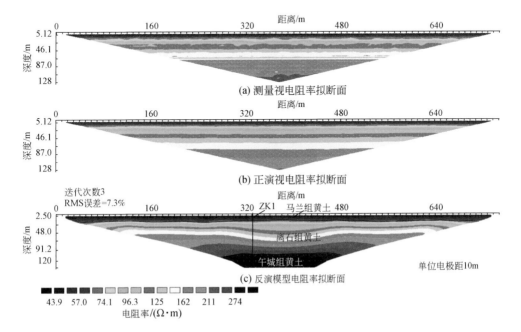

图10-4 高密度电法东西剖面成果图

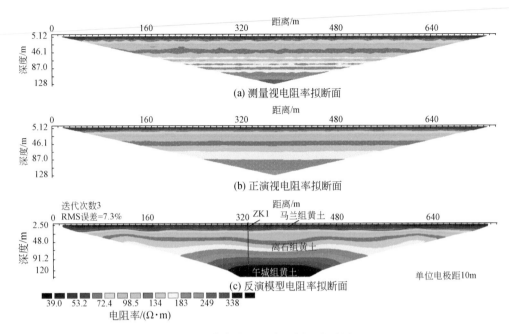

图 10-5　高密度电法南北剖面成果图

瞬变电磁测量点距 100m，钻孔附近加密至 50m，测点用 GPS 进行布设，各测点用木桩系红布条进行标记，红布条上注明测线及测点编号。

在正式工作前进行了仪器性能校验等工作，经测定仪器性能满足观测精度，符合设计要求，可以投入使用。瞬变电磁测量总计施工完成 2 条剖面，测点 150 点。瞬变电磁质量检查 8 点，平均分布全区，占工作量（150 点）的 5.3%，经计算总均方误差 2.3%，符合规范和设计要求（小于 5%）。

由瞬变电磁东西（图 10-6）和南北（图 10-7）两条剖面成果图来看，工区的电阻率

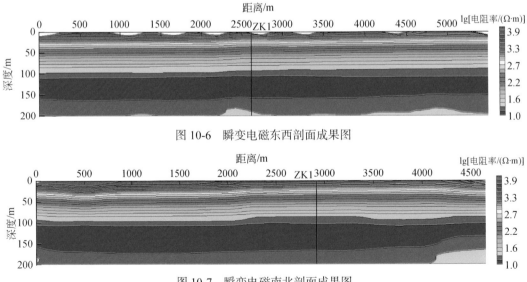

图 10-6　瞬变电磁东西剖面成果图

图 10-7　瞬变电磁南北剖面成果图

变化平缓，无明显的典型突变，其中浅部（0～50m）为测量盲区，显示的高阻是假异常。从浅到深，电阻率基本上是按照从大到小的变化规律，层状分布，把已知钻孔 ZK1 投到图上，可以看出其中 50～100m 附近各梯度带反映了离石组黄土，150～200m 深度附近的等值线大致反映了午城组黄土与红黏土层的分布状态，200m 以下深度分辨能力有限。

总体而言，瞬变电磁法大致可以反映各地层的分布，但是对薄层的标志层未能有效反映，分辨能力有限。

4）大地电磁测深方法

大地电磁测深法（magnetotelluric sounding，MT）是利用天然（或人工）交变电磁场探测地球电性结构的一种物探方法。该方法对野外施工技术条件要求相对较低，平原、山地、丘陵地区均适合开展，仅需要尽可能避开工业供电系统产生的地电干扰。因此，该技术手段是适合黄土覆盖区的优选物探方法之一。

根据工作频率段和激励场类型，MT 方法又可组成不同的技术和应用系统，如连续电阻率剖面法（EH4）、音频大地电磁法（audio-frequency magnetotelluric，AMT）、可控源音频大地电磁法（controllable source audio-frequency magnetotelluric method，CSAMT）等。结合黄土覆盖区地质结构和地形地貌特征，工作中主要采用音频大地电磁法对塬面覆盖层地层划分和河谷区阶地（台地）沉积结构进行了探测。实验仪器采用美国 EMI 与 Geometrics 公司联合研制 EH4 测量系统，工作频率范围 0.01～100kHz。

平行试验：在正式开展工作之前做平行试验，检测仪器工作是否正常，两个磁棒相隔 5m，平行放在地面，两个电偶极子平行。观测电场、磁场通道的时间序列信号，分别为低频和高频段磁场、电场信号波形图，两个方向通道的波形形态和强度均一致时，说明仪器工作正常。

极距试验：电极距长度根据试验确定一定信噪比下的最小电极距。在区内选择干扰背景较小区域，在观测条件基本一致的情况下，进行 25m、50m 两种极距试验，从视电阻率、相位响应结果可以判断，50m 极距下采集的数据比 25m 极距下采集的数据更平滑稳定，数据质量更高，确定了本区较合理电极距为 50m。

（1）临泾塬覆盖层结构探测。

在临泾塬以 ZK1 钻孔为中心按"十"字形方式布设了东西和南北方向两条测线进行了音频大地电磁法探测（图 10-8，图 10-9）。

由临泾塬结果音频大地电磁剖面的解释成果图可以看出，大地电磁方法较好地反映了各大层位的分布状态，其中 0～50m 浅部相对高阻反映了马兰黄土及离石组的上段；深 50～180m 的相对低阻带反映了离石组中下段、午城黄土以及三门组；180～260m 反映的是相对高阻的红黏土层；260m 左右深度以下的高阻反映了基岩面的展布。

（2）台地结构探测。

本次调查中分别在北石窟寺对面的石崖塬、彭阳附近的柳家嘴、巴家嘴水库两侧共 4 条剖面进行了由塬面向河谷系列台面或斜坡地层结构的探测。实验仪器、实验方法和数据的处理及质量的控制均与临泾塬面覆盖层结构探测相同。探测效果以柳家嘴 LJZ 测线为例予以说明。

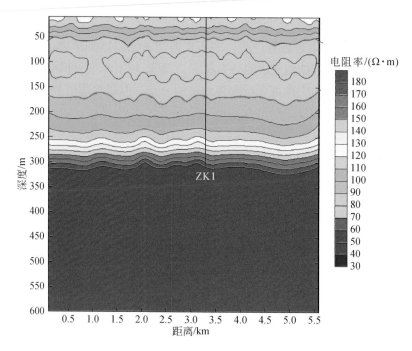

图 10-8　临泾塬东西向测线音频大地电磁解释推断成果图

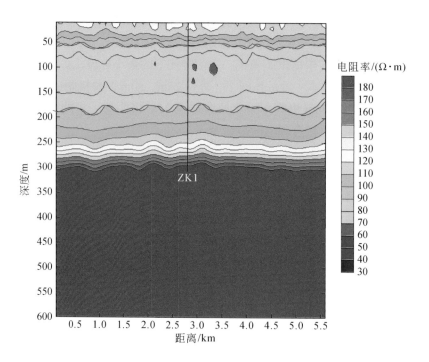

图 10-9　临泾塬南北向测线音频大地电磁解释推断成果图

根据以上的解释结果（图 10-10）推断：0～40m 深度范围内为相对高阻的马兰黄土以及离石组的上段；40～180m 深度范围内为相对低阻的离石组中下段、午城黄土以及三门组；180～220m 深度为新近系红黏土；220m 深度为新近系与白垩系的地质界线。从整体解译推断效果来看，该方法较好地揭示出了台地上覆黄土覆盖层的结构，显示出了较好的探测效果。

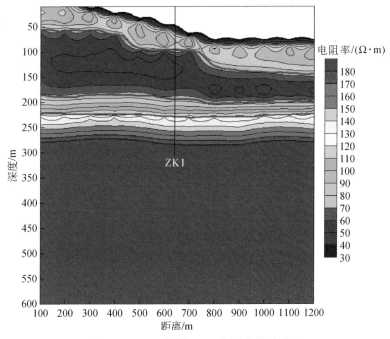

图 10-10　LJZ 测线 AMT 解释推断结果图

经过对三种方法的对比分析，得出以下初步结论。

对浅部 0～50m：高密度电法目前试验效果不好，如果能做出改进（大功率大电流，新装置等）可能会有效果；瞬变电磁法浅部盲区较大，无法满足要求；大地电磁能起到一定的效果。

50～200m 深度：高密度电法目前试验效果不好；瞬变电磁法对大的层位能有反映，但分辨能力不足，无法反映薄的标志层；大地电磁很好地反映了各大层位，同时对有一定厚度规模的标志层也能有所反映。

200m 以下：试验效果显示，高密度电法和瞬变电磁法的探测深度均不足，只有大地电磁能有所反映，能较好地反映出基岩面与上部第四系的分界。

综上所述，在本区开展物探工作，从探测深度及分辨能力综合分析，音频大地电磁法具有最好的试验效果，基本能满足辅助填图的作用。根据点距试验，在地层稳定的前提下，可根据需要，适当地放稀点距。

第十一章 地质演化过程

测区位于鄂尔多斯盆地西南的陇东盆地，地处黄土高原腹地，前新生代的沉积地层受鄂尔多斯盆地演化的控制。早侏罗世时，海水已基本退出鄂尔多斯盆地，盆地内发育一套河流相、湖沼相和三角洲相杂色的砂页岩、含油页岩建造；到晚侏罗世时，受燕山运动中期活动的影响，盆地隆起遭受剥蚀，而在盆地西缘，形成新的拗陷，接受芬芳河组河湖相沉积。白垩纪早期，盆地重新下沉，沉积一套河湖相、山麓相砂砾岩，厚度从百米到1000m左右，且东薄西厚；盆地西缘早期形成褶皱、断裂。晚白垩世时，盆地隆起为剥蚀区，拗陷盆地沉积结束。

晚白垩世至古近纪早期，鄂尔多斯盆地构造稳定，一直处于缓慢隆升状态，遭受剥蚀和夷平，普遍缺失沉积。始新世开始，受喜马拉雅运动的影响，鄂尔多斯盆地周缘开始形成断陷带，接受巨厚的新生代沉积，而盆地内部，持续隆升遭受剥蚀，直至中新世早期。中新世晚期，盆地南部开始出现风尘堆积。鄂尔多斯盆地西南构造活动弱，作为基底的下白垩统砂岩，整体岩层产状平缓，受东部子午岭抬升的影响，下白垩统砂岩主体上略向西倾。长期的隆升剥蚀，下白垩统地层在测区及邻近范围内，自东向西，地层由老到新，依次出露宜君组（K_1y）、洛河组（K_1l）、环华组（K_1h）、罗汉洞组（K_1lh）、泾川组（K_1j）地层。工作区内，受前期构造运动的影响，在测区中部的蒲河巴家嘴水库下游地区，发育一背斜，核部位于巴家嘴水库大坝至北石窟寺一带，出露下白垩统环华组（K_1h）地层，两翼地层主要由罗汉洞组（K_1lh）砂岩组成，在测区西北边缘和东南边缘，出露少量的泾川组（K_1j）地层。大约在 7.6Ma B.P.，长期遭受剥蚀，表面起伏的下白垩统砂岩地层上，开始出现风成红黏土堆积。受基底砂岩地形面起伏的影响，测区堆积的红黏土厚度有差异，且表现出沉积环境的差异，地层呈现两种不同的岩性特征和沉积结构。从现今塬面上施工钻孔揭露的地层来看，红黏土厚度为 45～74m，显示了原始地形面对红黏土堆积的影响。综合测区各种调查资料和数据，推断在地形较高的部位，保留的红黏土颜色为棕红色，厚度小，没有明显的层理，含有大量细小的灰色钙质结核；在地形较低的部位，红黏土整体颜色为淡棕红色或肉红色，厚度大，具有一定的层理，多为钙质团块夹杂粉砂质黏土层与含有大量钙质的黏土质粉砂互层，黏土质粉砂层沉积过程中受水流影响较大，粒度较粗，多夹有粗砂粒形成的小透镜体或条带状薄层。

大约在 4.0Ma B.P.，受古气候的影响，测区局部汇水出现湖泊，湖泊间有连通的河道，构成现代水系雏形，形成孤岛状的湖相沉积。测区巴家嘴水库大坝下游约 2km 处的蒲河西侧、茹河阴面一带、下马头坡大桥西南侧桥头、屯字镇下岘子村及洪河猴子山等地均有小范围出露的河湖相沉积层，厚度从十几米至 30～40m 不等。从沉积特征看，测区中部的茹河入蒲河河口附近，湖相层厚度大，岩性以灰白色、灰绿色粉砂质黏土夹黄褐色、青灰色砂层为主，湖相沉积层特征明显。而在测区东南部的洪河河谷，出露的地层以灰黄色－淡棕黄色粉砂质黏土－黏土质粉砂夹粗砂细砾层为主，部分砂层具有斜层理，呈现河流相或浅水沉积，较强水动力环境沉积特征。此外，在建华村附近茹河南岸，保留有薄层灰白色－青灰色粉砂质黏土沉积层。河湖相沉积层，仅在露头所在的沟内或相邻的沟内出露，未见大范围延伸，少量薄层的河湖相沉积层仅在露头上呈透镜状，由此判断，此时的测区内发育一定水道连接的湖泊。后期的构造抬升，湖水外泄，湖泊逐渐消亡，连通湖泊的水道发育成河流。

红黏土的堆积直至新近纪末期结束，在全球及区域构造和气候的影响下，测区开始出现第四纪风成黄土堆积，形成了完整的黄土－古土壤沉积序列。从测区构造地貌的调查来看，第四纪期间，测区发生了 8 次间歇性的整体抬升。测区内的水系在继承新近纪水系系统的基础上，经历了 8 次展宽和下切，在河谷区发育了 8 级阶地。在较宽的阶地面形成后，其上接受并保留了其后的黄土堆积。在河谷间的广阔平坦地区，新近系红黏土之上，堆积了完整的第四系黄土序列。从测制的剖面和钻孔地层划分结果来看，第四系黄土地层在 S_5 古土壤层堆积期间，塬面中部和边缘地区有一定差异，边缘部位的黄土层位厚度减小。表明塬边的一些大型冲沟在第四纪早期已经形成，现在的冲沟是在原来的基础上，不断延伸和扩展而成。

参 考 文 献

安芷生，Kukla G，刘东生．1989.洛川黄土地层学．第四纪研究，9（2）：155-168.

安芷生，孙东怀，陈明扬，等．2000.黄土高原红黏土序列与晚第三纪的气候事件．第四纪研究，20（5）：435-446.

陈富斌，高生怀，陈继良，等．1990.甘孜黄土剖面磁性地层初步研究．科学通报，35（20）：1600.

陈辉，王秋兵，韩春兰．2009.辽宁朝阳凤凰山古土壤序列粒度特征与古气候变化．高校地质学报，15（4）：563-568.

陈骏，汪永进，季峻峰，等．1999.陕西洛川黄土剖面的 Rb/Sr 值及其气候地层学意义．第四纪研究，19（4）：350-356.

陈明扬，赵惠敏．1997.7.3～1.9Ma 期间中国黄土高原碳同位素记录与古季风气候．科学通报，42（2）：174-177.

陈诗越，方小敏，王苏民．2002.川西高原甘孜黄土与印度季风演化关系．海洋地质与第四纪地质，22（3）：41-45.

丁仲礼，刘东生．1991.1.8Ma 以来黄土-深海古气候记录对比．科学通报，（18）：1401-1403.

丁仲礼，刘东生，刘秀铭．1989.250 万年以来的 37 个气候旋回．科学通报，34（19）：1494-1496.

顾兆炎，韩家懋，刘东生．2000.中国第四纪黄土地球化学研究进展．第四纪研究，20（1）：41-55.

郭正堂，刘东生．1999.中国黄土-古土壤序列与古全球变化研究．中国科学基金，14（2）：81-85.

郭正堂，丁仲礼，刘东生．1996.黄土中的沉积-成壤事件与第四纪气候旋回．科学通报，36（1）：56-59.

郭正堂，魏兰英，吕厚远，等．1999.晚第四纪风尘物质成分的变化及其环境意义．第四纪研究，19（1）：41-47.

韩家楙，姜文英，褚骏．1997.黄土和古土壤中磁性矿物的粒度分布．第四纪研究，17（3）：281-287.

郝青振，郭正堂．2001.1.2Ma 以来黄土-古土壤序列风化成壤强度的定量化研究与东亚夏季风演化．中国科学（D 辑），31（6）：520-528.

黄姜依，方家骅，邵家骥，等．1988.南京下蜀黄土沉积时代的研究．地质论评，34（3）：240-247.

蒋复初，吴锡浩，肖华国，等．1997a.九江地区网纹红土的时代．地质力学学报，3（4）：27-32.

蒋复初，吴锡浩，肖华国，等．1997b.川西高原甘孜黄土地层学．地球学报，18（4）：413-420.

李长安，顾延生．1997.网纹红土中的植硅石组合及其环境意义的初步研究．地球科学——中国地质大学学报，22（2）：195-198.

梁美艳，郭正堂，顾兆炎．2006.中新世风尘堆积的地球化学特征及其与上新世和第四纪风尘堆积的比较．第四纪研究，26（4）：657-664.

刘东生．1965.中国的黄土堆积．北京：科学出版社．

刘东生．1966.黄土的物质成分和结构．北京：科学出版社．

刘东生．1985.黄土与环境．北京：科学出版社．

刘东生，安芷生．1984.洛川北韩寨黄土磁性地层学的初步研究．地球化学，（2）：134-137.

刘东生，施雅风，王汝建，等．2000.以气候变化为标志的中国第四纪地层对比表．第四纪研究，201（2）：

108-128.

刘嘉麒，倪云燕，储国强．2001.第四纪的主要气候事件.第四纪研究，21（3）：239-248.

刘志杰，刘荫椿．2008.中国第四纪黄土古环境研究若干进展.环境科学与管理，33（4）：15-19.

鹿化煜，安芷生．1996.洛川黄土序列时间标尺的初步建立.高校地质学报，2（2）：230-236.

鹿化煜，杨文峰，刘晓东，等．1998.轨道调谐建立洛川黄土地层的时间标尺.地球物理学报，41（6）：804-810.

吕厚远，刘东生，郭正堂．2003.黄土高原地质、历史时期古植被研究状况.科学通报，48（1）：2-7.

强小科，安芷生，宋友桂，等．2010.晚渐新世以来中国黄土高原风成红黏土序列的发现：亚洲内陆干旱化起源的新纪录.中国科学：地球科学，40（11）：1479-1488.

乔彦松，郭正堂，郝青振．2003.皖南风尘堆积－土壤序列的磁性地层学研究及其古环境意义.科学通报，48（13）：1465-1469.

乔彦松，赵志中，王燕，等．2006.川西甘孜黄土磁性地层学研究及其古气候意义.第四纪研究，26（2）：250-256.

宋友桂，方小敏，李吉均，等．2000.六盘山东麓朝那剖面红黏土年代及其构造意义.第四纪研究，20（5）：457-463.

孙东怀，刘东生，陈明杨，等．1997.中国黄土高原红黏土序列的磁性地层与气候变化.中国科学（D辑），27（3）：265-270.

孙东怀，鹿化煜，David R，等．2000.中国黄土粒度的双峰分布及其古气候意义.沉积学报，18（3）：327-335.

孙建中．2005.黄土学（上篇）.香港：香港考古学会.

孙建中，李虎侯．1986.中国黄土年代地层学的初步研究.地层学杂志，10（3）：63-70.

孙玉兵，陈天虎，谢巧勤．2009.西峰剖面高分辨记录指标研究及古气候重建.高校地质学报，15（1）：126-134.

王书兵，蒋复初，吴锡浩，等．2004.三门组的内涵及其意义.第四纪研究，24（1）：116-123.

王书兵，蒋复初，田国强，等．2005.四川金川黄土地层.地球学报，26（4）：355-358.

王喜生，杨振宇，Reidar L，等．2005.三门峡地区黄土L9的重磁化现象及原因探析.第四纪研究，25（4）：453-460.

王永焱，滕志宏．1983.中国黄土的地层划分.地质论评，29（3）：201-208.

魏传义，李长安，康春国，等．2015.哈尔滨黄山黄土粒度特征及其对成因的指示.地球科学——中国地质大学学报，40（12）：1945-1954.

吴锡浩，孙建中，陈树汉．1984.松辽平原第四纪磁性地层的初步研究.海洋地质与第四纪地质，4（2）：1-13.

熊尚发，刘东生，丁仲礼．2002.两个冰期—间冰期旋回的黄土记录及其古气候意义.地理科学，22（1）：18-23.

岳乐平，薛祥煦．1996.中国黄土古地磁学.北京：地质出版社.

张宗祜，张之一，王芸生．1989.中国黄土.北京：地质出版社.

郑国璋，岳乐平 . 2005. 中国北方第四纪磁性地层记录的古地磁极倒转与气候变化耦合关系 . 地球科学与环境学报，27（3）：91-94.

An Z S，Porter S C. 1997. Millennial-scale climate oscillations during the last interglaciation in central China. Geology，25（7）：603-606.

Baksi A K，Hsu V，McWilliams M O，et al. 1992. ^{40}Ar/^{39}Ar Dating of the Brunhes-Matuyama geomagnetic field reversal. Science，256（5055）：356-357.

Ding Z L，Sun J M，Yang S L，et al. 1998a. Preliminary Magnetostratigraphy of a thick eolian red clay-loess sequence at Lingtai，the Chinese Loess Plateau. Geophysical Research Letters，25：1225-1228.

Ding Z L，Sun J M，Yang S L，et al. 1998b. Wind-blown origin of the Pliocene red clay formation in the central Loess Plateau，China. Earth Planetary Science Letters，161：135-143.

Ding Z L，Yu Z W，Rutter N W，et al. 1994. Towards and orbital scale for Chinese loess depodits. Quaternary Science Reviews，13：39-70.

Guo Z T，Ruddiman W F，Hao Q Z，et al. 2002. Onset of Asian desertification by 22 Myr ago inferred from loess deposits in China. Nature，416：159-163.

Han J M，Lü H Y，Wu N Q，et al. 1996. The magnetic susceptibility of modern soils in China and its use for paleoclimate reconstruction. Studia Geophysica Et Geodaetica，40（3）：262-275.

Harland W，Cox A，Llewellyn P，et al. 1982. A Geological Time Scale. Cambridge：Cambridge University Press.

Lu H Y，Liu X D，Zhang F Q，et al. 1999. Astronomical calibration of loess-paleosol deposits at Luochuan，central Chinese Loess Plateau. Palaeogeography，Palaeoclimatology，Palaeoecology，154（3）：237-246.

Roussean D，Wu N Q. 1997. A new molluscan record of the monsoon variability over the past 130,000 yr in the Luochuan loess sequence，China. Geology，25：275-278.

Sun D H，An Z S，Shaw J，et al. 1998. Magnetostratigraphy and palaeoclimatic significance of Late Tertiary aeolian sequences in the Chinese Loess Plateau. Geophysical Journal International，134（1）：207-212.

Sun J M，Zhang M Y，Liu T S. 2001. Spatial and temporal characteristics of dust storms in China and its surrounding regions，1960-1999：relations to source area and climate. Journal of Geophysical Research Atmospheres，106（D10）：10325-10334.

Wang T M，Wu J G，Kou X J，et al. 2010. Ecologically asynchronous agricultural practice erodes sustainability of the Loess Plateau of China. Ecological Applications，20（4）：1126-1135.

Xiong S F，Ding Z L，Liu T S. 2001. Climatic implications of loess deposits from the Beijing region. Journal of Quaternary Science，16（6）：575-582.

Zeng L，Lu H Y，Yi S W，et al. 2016. New magnetostratigraphic and pedostratigraphic investigations of loess deposits in north-east China and their implications for regional environmental change during the Mid-Pleistocene climatic transition. Journal of Quaternary Science，31（1）：20-32.